Narendra Meena
B. B. Gawade
H. R. Shinde

Análise do desenvolvimento agrícola em Maharashtra

Narendra Meena

B. B. Gawade

H. R. Shinde

Análise do desenvolvimento agrícola em Maharashtra

Um estudo de caso do distrito de Kolhapur

ScienciaScripts

LISTA DE
ABREVIATURAS

%	-	Per cent
/	-	Per
Agril.	-	Agriculture
q/ha	-	Quintals /hectare
e.g.	-	Exampli gratia (For example)
EA	-	Extent of adoption
Econ.	-	Economics
et al.	-	*et alia* (and others)
etc.	-	Etcetera
Fig.	-	Figure
ha	-	Hectare
i.e.	-	That is
J.	-	Journal
kgs	-	Kilogram
Maha	-	Maharashtra
M/ha	-	Million hectares
MT	-	Metric tonnes
q	-	Quintals
Qty.	-	Quantity

Res.	-	Research
Rs.	-	Rupees
Univ.	-	University
Viz.,	-	Videlicet (namely)
ACGR	-	Annual Compound Growth Rate
@	-	at the rate
Mktg	-	Marketing
Indi	-	Indian
Asso	-	Association
Vol	-	Volume
PP	-	Page Number
Co-op	-	Co-operative

ÍNDICE DE CONTEÚDOS

RESUMO

"ANÁLISE DO DESENVOLVIMENTO AGRÍCOLA EM MAHARASHTRA"

por
Sr. NARENDR KUMAR MEENA
Um candidato ao grau
de
MESTRADO EM CIÊNCIAS (AGRICULTURA)
em
ECONOMIA AGRÍCOLA
2015

Guia de investigação   :   **Prof. B. B. Gawade**

Departamento   :   **Economia Agrícola**

Nesta investigação, procurou-se avaliar o processo de desenvolvimento agrícola através do estudo das alterações na utilização das terras e no padrão de cultivo, das taxas de crescimento da área, da produção e da produtividade das principais culturas e da identificação das infra-estruturas, dos factores que influenciam a produção agrícola e da análise SWOT durante o período de 1980-81 a 2011-12 no distrito de Kolhapur, em Maharashtra. Os dados das séries cronológicas que abrangem o período acima referido, relacionados com os aspectos de outro estudo, foram recolhidos em fontes relevantes.

Os dados foram analisados através da adoção de ferramentas analíticas adequadas para chegar aos seguintes resultados.

A área florestal diminuiu 4,22% durante o período em estudo no distrito de Kolhapur. A superfície de terras estéreis e não cultiváveis, de resíduos cultiváveis, de pousio atual e de outros pousios diminuiu durante o período em estudo. Enquanto as terras não utilizadas para fins agrícolas, as pastagens permanentes, as árvores diversas, a superfície líquida semeada, a superfície irrigada, a superfície semeada mais de uma vez e a superfície bruta cultivada estão a aumentar de forma constante. A área irrigada aumentou em 79,77 por cento durante o período de estudo, o que é um feito importante no distrito.

A superfície cultivada com trigo, bajra, grama e grama vermelha diminuiu. A área cultivada com arroz, kharif jowar, Rabi jowar, grama verde, grama preta, frutos e produtos hortícolas, soja, cana-de-açúcar e amendoim aumentou, enquanto a área cultivada com o total de cereais e o total de leguminosas diminuiu. A área cultivada com o total de sementes oleaginosas registou uma tendência crescente durante o período de estudo no distrito de Kolhapur.

A produtividade média do total de cereais, do total de leguminosas, do total de oleaginosas e do total de cereais alimentares aumentou 66,22, 8,68, 76,64 e 58,67 por cento em 2011-12, respetivamente, em relação ao ano de referência de 1980-81. A produtividade da cana-de-açúcar, da soja e do amendoim também aumentou consideravelmente em 10,79, 154,40 e 45,87 por cento, respetivamente, durante os últimos 32 anos no distrito de Kolhapur. O consumo de fertilizantes (NPK) também aumentou.

A agricultura no distrito de Kolhapur mostrou um aumento significativo na utilização de arados de ferro, tractores e motores eléctricos, o que indica uma grande mecanização parcial. A população de bovinos e aves de capoeira diminuiu durante o período de estudo, ao passo que a população total de gado, búfalos e aves de capoeira diminuiu, As ovelhas e cabras registaram uma tendência crescente.

A análise de regressão linear múltipla indicou que os factores *viz.* percentagem da área bruta irrigada em relação à área bruta semeada *(xi)*, consumo de fertilizante total (NPK) por ha de área bruta irrigada *(x2)*, percentagem da área de sementes de variedades de alto rendimento em relação à área bruta semeada (x4), percentagem da área de culturas comerciais em relação à área bruta semeada (x5), Montante do empréstimo (curto e médio prazo) desembolsado através do KDCCB por ano em Lakh de rupess (x_6), Número de animais leiteiros (x_9), mostraram a sua importância no processo de desenvolvimento agrícola no distrito de Kolhapur.

Os pontos fortes do distrito de Kolhapur são a pluviosidade garantida, a rede de cooperativas e os solos bem drenados. Os pontos fracos são a forte erosão dos solos, a interrupção do fornecimento de eletricidade e a monocultura. As oportunidades são a possibilidade de aumentar a intensidade das culturas, a possibilidade de desviar para culturas de rendimento e a possibilidade de aumentar a área cultivada com produtos hortícolas. As ameaças são a diminuição da área cultivada, a limitação da promoção da micro-irrigação e da transformação, o problema de saúde do solo devido à monocultura.

As implicações políticas importantes resultantes das presentes investigações são a manutenção da área florestal, a expansão e a utilização adequada das instalações de irrigação.

1. INTRODUÇÃO

Geral

"Imagine o mundo sem agricultura". A economia indiana é conhecida como economia agrícola. A agricultura é a principal atividade nos países em desenvolvimento como a Índia. O desenvolvimento do sector agrícola determina o crescimento de outros sectores da economia. A agricultura não é apenas uma ocupação, mas um modo de vida que, durante séculos, moldou os pensamentos e as perspectivas de muitos milhões de pessoas. Em todo o mundo, a economia indiana ocupa a quarta posição, o que indica a importância da agricultura.

Os planos quinquenais tiveram início em 1950-51 com vista ao rápido desenvolvimento do país, mas, conscientes da importância da agricultura, os responsáveis pelo planeamento deram prioridade máxima ao sector agrícola e dedicaram uma atenção especial ao desenvolvimento agrícola em cada plano. O cenário da agricultura indiana mudou a partir de meados dos anos sessenta em resultado da revolução verde. O Dr. M. S. Swaminathan introduziu a revolução verde no nosso país e gerou um clima de confiança nas nossas capacidades agrícolas e, pela primeira vez, a agricultura passou a ter uma importância fundamental. Graças à revolução verde, o país tornou-se autossuficiente e contribuiu para o desenvolvimento económico geral através das suas ligações para a frente e para trás.

Embora a parte da agricultura na economia indiana esteja a diminuir, o mesmo não acontece com a população que dela depende. O problema da fome de 121,70 milhões de pessoas, o problema do emprego, os problemas sociais da Índia, o desenvolvimento das 6 lakh aldeias da Índia e, por conseguinte, o desenvolvimento do país, etc., podem ser resolvidos através da agricultura. Os problemas podem ser resolvidos através da agricultura. A terra é o fator fixo e limitador da produção. Por conseguinte, é necessário aumentar a produção através da adoção de novas tecnologias melhoradas.

No entanto, devido aos desequilíbrios regionais, não estamos a utilizar plenamente os recursos económicos naturais e humanos.

1.1 Desenvolvimento agrícola

O desenvolvimento da agricultura é um processo através do qual se passa da fase de agricultura tradicional para a fase de agricultura modernizada, resultando num aumento da produção e da produtividade por unidade de recurso devido à utilização de tecnologia moderna. Durante o processo de transformação, a posição de equilíbrio original muda e a função de produção desloca-se para um nível mais elevado e ocupa uma nova posição de equilíbrio, onde os lucros são máximos. O processo de desenvolvimento agrícola inclui a utilização de variedades de alto rendimento, a adoção de um pacote melhorado de práticas, incluindo a utilização de fertilizantes, medidas de proteção das plantas, irrigação e utilização de maquinaria moderna, etc., para aumentar a produtividade das empresas agrícolas. O processo visa obter o máximo proveito dos recursos disponíveis, nomeadamente terra, trabalho e capital, etc., na exploração agrícola e, finalmente, descreve as mudanças proeminentes na utilização e afetação de recursos e na produtividade das culturas durante um período de tempo na região. O processo de desenvolvimento agrícola é, portanto, importante do ponto de vista do aumento da produção agrícola no país.

1.2 Desenvolvimento agrícola na Índia

Reconhecendo o importante papel da agricultura no desenvolvimento económico do país, os planos quinquenais atribuíram grande prioridade ao desenvolvimento agrícola. A agricultura tem sido a principal fonte de subsistência na Índia. A invenção dos mogóis, seguida dos britânicos, não alterou a situação ao nível desejado. A agricultura permaneceu totalmente primitiva, deteriorada e turbulenta. A escassez de cereais alimentares levou à morte de uma série de famílias horríveis. O sector agrícola em muitos países em desenvolvimento não pôde avançar devido a um grande número de factores físicos, naturais, económicos, sociais, políticos e humanos (Hopper, 1965).

Desde o período pós-independência, foram tomadas várias medidas para dinamizar o sector agrícola. O primeiro plano quinquenal consagrou 31% do seu investimento total à agricultura e às actividades conexas. No entanto, o sector agrícola apresentou um desempenho misto durante o período pós-independência. Durante os anos cinquenta e início dos anos sessenta, o crescimento da produção agrícola deveu-se, em grande medida, à expansão da superfície cultivada com diferentes culturas e não a qualquer mudança tecnológica importante. Embora o sector agrícola de alguns dos países em desenvolvimento apresente atualmente sinais de desenvolvimento, era quase de tipo tradicional até há muito pouco tempo, uma vez que a produção agrícola provinha principalmente dos factores de produção terra (cuja oferta permaneceu praticamente fixa) e mão de obra (cuja produtividade marginal era quase igual a zero) (Mellor, 1969).

As condições não se mantiveram inalteradas e, desde 196667 , com o início do processo de desenvolvimento agrícola que envolveu mudanças tecnológicas com a introdução de variedades de sementes de elevado rendimento em meados dos anos sessenta e o aumento da disponibilidade de fertilizantes químicos e de instalações de irrigação, a agricultura indiana deixou de ser tradicional como era nos anos cinquenta. O aumento da produção agrícola permitiu que a Índia se tornasse autossuficiente em cereais alimentares. A produção de outras culturas, como o algodão, a cana-de-açúcar, as sementes oleaginosas, os frutos e os produtos hortícolas, também aumentou durante os anos setenta e oitenta.

Foram envidados muitos esforços para melhorar a situação da agricultura na Índia, mas o crescimento da produção agrícola não foi regular ao longo de todos os anos, nem nos diferentes Estados e regiões da Índia. Verifica-se que a evolução tecnológica foi específica de culturas como o trigo, o algodão, o arroz e o amendoim, todas elas cultivadas em regime de regadio em Haryana, no Uttar Pradesh ocidental (Uttaranchal), no Punjab, em algumas zonas de Gujarat, em Maharashtra, em Tamil Nadu e em Andhra Pradesh. Muitas das leguminosas e oleaginosas, bem como culturas comercialmente importantes como a cana-de-açúcar, o tabaco e a malagueta, permaneceram durante muito tempo fora do fenómeno da evolução tecnológica.

O desenvolvimento do sector agrícola determina o crescimento de outros sectores da economia e, por conseguinte, a prosperidade da nação depende sempre do crescimento e do desenvolvimento da agricultura. Constitui a maior atividade económica da Índia, contribuindo com cerca de 13,9% da produção interna bruta no ano de 2012-13. A agricultura não é apenas uma ocupação, mas um modo de vida que, durante séculos, moldou o pensamento e as perspectivas de muitos milhões de pessoas.

A contribuição do sector agrícola para o PIB tem continuado a diminuir ao longo dos anos. Em 1970-71, a agricultura contribuiu com cerca de 44% do PIB, que diminuiu para 14,1% e 13,7% em 2009-10 e 2012-13, respetivamente. A agricultura indiana registou um crescimento impressionante nas últimas décadas. A produção de cereais alimentares aumentou de 51 milhões de toneladas em 1950-51 para 259 milhões de toneladas em 2012-13.

Durante o período do décimo primeiro plano, a produção de cereais alimentares no país registou uma tendência crescente, exceto em 2009-10, quando a produção total de cereais alimentares diminuiu para 218,1 milhões de toneladas devido à grave seca registada em várias partes do país. Em 2011-12, a produção total de cereais alimentares atingiu um máximo histórico de 259,32 milhões de toneladas. No entanto, a produção das culturas kharif 2012-13 deverá ser negativamente afetada pela deficiência da monção do sudoeste e pelas consequentes perdas de superfície. A superfície total de 665,0 *lakh* hectare cultivada com cereais alimentares durante a kharif 2012-13 revela um declínio de 55,8 *lakh* hectare em comparação com 720,86 *lakh* hectare durante a kharif 201 1-12.

1.3 Desenvolvimento agrícola em Maharashtra

Maharashtra desempenha um papel importante no desenvolvimento económico da Índia. Na Índia, 9,29% da população total ocupada por Maharashtra é atualmente de 11,24 milhões de pessoas, com uma taxa de alfabetização de 82,9%. A área geográfica de Maharashtra é de 307713 km^2 , com cerca de 140-145 *lakh* hectare de terra cultivada na estação Kharif e 60-65 *lakh* hectare na estação rabi. A produção de cereais alimentares diminuiu 23%, com uma produção de 118,09 *lakh toneladas* métricas em 2012-13, contra 154,19 *lakh* toneladas métricas no ano anterior, ou seja, 2011-12.

No Maharashtra, foram envidados todos os esforços possíveis para aumentar a produção agrícola e, assim, participar na campanha nacional de desenvolvimento da agricultura que teve início durante o período pós-independência. Os regimes de desenvolvimento, nomeadamente NHAM, RKVY, M.G. NAREGA, CADA, DPAP, SFDA, MFAL, etc., foram lançados no Estado de Maharashtra, o que permitiu aumentar a produção alimentar e de outros produtos agrícolas, aumentar os rendimentos e melhorar o nível de vida das famílias de agricultores. Quando o sector agrícola cresce, o impacto do seu desenvolvimento faz-se sentir noutros sectores da economia e acelera a economia global da região. Maharashtra pode ser considerado um dos Estados heterogéneos da União Indiana no que diz respeito às diferentes condições agro-climáticas. O Estado compreende quatro regiões: Konkan, Western Maharashtra, Marathwada e Vidarabha, que apresentam diferentes tipos de condições naturais, físicas, sociais e económicas, bastante distintas umas das outras. As variações na topografia, no solo e nos factores climáticos têm um impacto significativo no padrão de utilização das culturas e das terras, na utilização de factores de produção e na adoção de inovações tecnológicas na produção vegetal na região. A comparação inter-regional do desempenho da agricultura revelou que os avanços tecnológicos na agricultura não conseguiram fazer grandes progressos na sua contribuição para aumentar a produção e a produtividade de várias culturas em diferentes regiões. Devido a estas variabilidades, o desequilíbrio e as disparidades no nível de rendimento das famílias de agricultores nas regiões não foram muito satisfatórios durante os períodos do plano.

O desenvolvimento da agricultura em Maharashtra não se revelou muito satisfatório durante os períodos de planeamento. Na realidade, o governo do Estado foi bastante progressista no que se refere ao planeamento e à execução de uma série de programas de desenvolvimento agrícola, com vista a reforçar a conservação dos recursos naturais e as actividades de desenvolvimento, o fornecimento de factores de produção agrícola, incluindo o crédito, o desenvolvimento de outras infra-estruturas, o reforço da investigação e do ensino extensivo, os esforços para desenvolver e divulgar novas tecnologias agrícolas e a expansão de uma base institucional adequada que permita a transformação da agricultura no Estado. No entanto, devido às limitações das instalações de irrigação, às variações regionais na dotação de recursos naturais e à excessiva dependência do sector agrícola, não foi possível fazer grandes progressos durante todo o período planeado. De facto, existiam grandes disparidades na difusão das inovações bioquímicas e mecânicas entre as diferentes regiões e entre as diferentes culturas nas regiões de Maharashtra.

1.4 Os problemas

A introdução de uma nova estratégia agrícola, ou seja, a revolução verde, em 1966, ajudou os agricultores a saírem da sua agricultura tradicional e a avançarem para uma agricultura avançada. Estes aperceberam-se agora da importância da utilização de factores de produção cruciais, *como a* irrigação, o crédito, os fertilizantes, as sementes de variedades de elevado rendimento, as medidas de proteção das plantas, etc., para aumentar a produção agrícola. Verifica-se que os factores de produção acima referidos, juntamente com as novas tecnologias agrícolas, influenciaram a produtividade e, consequentemente, a produção agrícola. A agricultura em Maharashtra sofreu várias alterações devido às campanhas nacionais de desenvolvimento agrícola desde meados dos anos sessenta. Sentiu-se a necessidade de proceder a uma avaliação científica do processo de desenvolvimento agrícola numa área bem definida durante um determinado período de tempo.

Um estudo deste tipo pode ter uma investigação pormenorizada ao examinar a tendência das mudanças na utilização das terras, o padrão de cultivo, as taxas de crescimento da área, a produção e a produtividade de culturas importantes e a identificação dos principais factores que influenciam a produção agrícola. O exame das alterações das taxas de crescimento da superfície, da produção e do rendimento das principais culturas em períodos de intervalo decenal seria útil para conhecer o desempenho das culturas. É neste contexto que o presente estudo do desenvolvimento da agricultura numa área bem definida, sobretudo no distrito, nos ajudaria a conhecer os padrões de crescimento das culturas cultivadas, a produtividade, as infra-estruturas e as medidas a tomar para ultrapassar os obstáculos ao desenvolvimento.

O crescimento do distrito de Kolhapur nos tempos modernos é fascinante. Chhatrapati Shahu Maharaja é um arquiteto e fundador da moderna Kolhapur. Kolhapur não é apenas um dos distritos mais avançados do ponto de vista agrícola de Maharashtra, mas também da Índia. É também um distrito que se está a industrializar rapidamente e que já está na vanguarda das indústrias de base agrícola. O distrito de Kolhapur é um dos principais e mais brilhantes exemplos do movimento cooperativo da Índia.

Tem uma área de 7765,00 km2, o que representa cerca de 2,5 por cento da área total do estado e ocupa o 24º lugar no estado no que diz respeito à área.

O distrito de Kolhapur é pioneiro no comércio. Em 1895, Chhatrapati Shahu Maharaj estabeleceu um mercado de geleia (gur) em Shahupuri. O mercado foi agora transferido para o "Shahu Market Yard", que é um mercado regulamentado de produtos agrícolas. É bem conhecido pelo comércio de jaggery na Índia. O distrito tinha 12 pátios de mercado regulamentados, dos quais quatro eram principais e oito eram secundários. Nestes pátios são colocados à venda arroz, jaggery, amendoim, milho, jowar, trigo e malaguetas, etc. A primeira fábrica de açúcar foi iniciada sob a direção de Shri. Madhan Mohan Lohia em 1939. As principais exportações do distrito são o arroz, o açúcar, a malagueta em pó, o tabaco, o gur (Jaggery) e o gur de Malkapur. Entre eles destaca-se o jaggery de Kolhapur. A sua fama e sabor ultrapassaram as fronteiras da nação e chegaram a países como o Reino Unido, os EUA, o Paquistão e os países do Golfo.

Verifica-se que o distrito de Kolhapur, na região ocidental de Maharashtra, é um dos distritos mais desenvolvidos em termos de actividades de desenvolvimento agrícola. Tendo em conta este facto, foi decidido realizar um estudo *intitulado* "Avaliação económica do desenvolvimento agrícola do distrito de Kolhapur", abrangendo um período de 1980-81 a 2011-12 na região ocidental de Maharashtra.

1.5 Objectivos

O estudo foi realizado com os seguintes objectivos específicos.

i) Estudar as mudanças na utilização das terras e no padrão de cultivo do distrito de Kolhapur.

ii) Estudar as taxas de crescimento da área, da produção e da produtividade das principais culturas do distrito de Kolhapur.

iii) Estudar o desenvolvimento de infra-estruturas para a agricultura ao longo de um período de tempo no distrito de Kolhapur.

iv) Identificar os factores importantes responsáveis pelo desenvolvimento agrícola do distrito de Kolhapur.

v) Identificar os pontos fortes, os pontos fracos, as oportunidades e as ameaças (SWOT) e sugerir medidas.

1.6 Âmbito e utilidade do estudo

O presente estudo restringe-se ao distrito de Kolhapur, em Maharashtra, com referência apenas aos objectivos acima referidos. No entanto, as conclusões do estudo podem ser projectadas para uma área mais vasta com condições agro-climáticas semelhantes. O estudo incidirá sobre parâmetros importantes do desenvolvimento agrícola num distrito, que podem ser estudados mais aprofundadamente em situações variadas no Estado para conhecer o seu significado.

As conclusões importantes, que foram tiradas deste estudo, ajudarão a planear e executar programas de desenvolvimento agrícola no distrito. As mudanças no uso da terra, padrão de cultivo, área, produção e produtividade das culturas indicariam certas tendências, que poderiam ser corrigidas para um crescimento agrícola equilibrado no distrito.

1.7 Limitações do estudo

O presente estudo baseia-se em dados secundários obtidos de fontes publicadas, bem como de agências de desenvolvimento no distrito de Kolhapur. As conclusões baseiam-se na disponibilidade e na fiabilidade dos dados relativos a diferentes aspectos do estudo. Os dados foram recolhidos a partir dos resumos estatísticos distritais e dos epítomes publicados pelo Ministério da Agricultura. Uma vez que os dados são secundários, é necessário avançar com base nestes dados e a sua fiabilidade é a única limitação do estudo. No entanto, tenta-se fazer uma análise aprofundada dos dados para atingir os objectivos com conclusões significativas.

2. REVISÃO DA LITERATURA

Este capítulo foi dedicado à revisão de estudos anteriores, que são idênticos ao presente. O objetivo básico deste capítulo é compreender a metodologia adoptada e a tendência das conclusões obtidas nos estudos anteriores, de modo a que se possa desenvolver um quadro metodológico adequado para o presente estudo. Os objectivos básicos do presente estudo consistiam em examinar o processo de desenvolvimento agrícola em termos de alterações em vários parâmetros de crescimento e desenvolvimento agrícola no distrito de Kolhapur. As análises extraídas de várias fontes foram classificadas em cinco grupos com base nos aspectos do presente estudo.

i) Alterações na utilização dos solos e no padrão de cultivo

ii) Taxas de crescimento da superfície, da produção e da produtividade das principais culturas

iii) Desenvolvimento de infra-estruturas para a agricultura

iv) Factores responsáveis pelo desenvolvimento da agricultura

v) Pontos fortes, pontos fracos, oportunidades e ameaças (SWOT) da agricultura

2.1 Alterações na utilização dos solos e no padrão de cultivo

Ao longo do tempo, a composição estrutural da utilização das terras e dos padrões de cultivo sofreu várias alterações em resposta a um grande número de factores, tais como a evolução da dotação de recursos, a adaptabilidade das variedades de culturas a novas condições ambientais, a economia relativa das actividades de produção, as alterações dos preços relativos da produção e da combinação de factores de produção, os progressos tecnológicos, etc. As mudanças na utilização das terras e nos padrões de cultivo são, por conseguinte, de importância significativa no processo de desenvolvimento agrícola.

Soni (1974) estudou o padrão de cultivo e a intensidade de cultivo em várias classes de tamanho de fazendas em alguns distritos do IADP para o período de 1962-63 e 1964-65. Para efeitos de análise, os agricultores foram divididos em três classes de acordo com a dimensão das suas explorações. Para determinar as mudanças no padrão de cultivo, a área proporcional de diferentes culturas foi calculada para cada categoria de classes de tamanho em um distrito para anos individuais, ou seja, 1962 - 63, 1963 - 64 e 1964 - 65. O autor constatou alterações significativas na estrutura das culturas nos distritos seleccionados para o estudo. Segundo ele, as mudanças no padrão de cultivo e na intensidade de cultivo foram devidas à introdução de variedades precoces de alto rendimento e de tecnologia agrícola melhorada.

Desai (1977) analisou o padrão de cultivo das famílias de agricultores no distrito de Surat e tentou demonstrar a importância de variáveis não relacionadas com os preços, como a irrigação e a riqueza (um indicador de risco), para explicar o padrão de cultivo de um conjunto de agricultores no distrito de Surat. Concluiu que o aumento da disponibilidade de terras irrigáveis líquidas alteraria o padrão de cultivo a favor de culturas mais remuneradoras e também de mão de obra intensiva, como a cana-de-açúcar, a banana e o arroz HYV. Esta mudança, por sua vez, aumentaria o rendimento líquido de um agricultor médio.

Rath (1980) estimou as taxas de crescimento composto da área, produção e produtividade das principais culturas na Índia para o período de 1949-50 a 1977-78. Verificou que a produção agrícola total da Índia cresceu a uma taxa média de 2,48% por ano. Com o advento dos novos HYV, o padrão só se alterou no caso do trigo durante o período posterior a 1965.

Singh e Singh (1981) tentaram efetuar um estudo sobre os riscos de erosão do solo na região montanhosa do Nordeste e concluíram que se perdem anualmente cerca de 18,6 milhões de toneladas de solo, 0,6 milhões de toneladas de carbono orgânico, 9,7 toneladas de fósforo e 5 690 toneladas de potássio devido à deslocação das culturas na região montanhosa do Nordeste.

Subramanian *et al.* (1980-83) analisaram a área cultivada com diferentes culturas em quatro distritos representativos, *nomeadamente* Chengale Pattue, Salem, Thunjavar e Madurai, em Tamil Nadu, e concluíram que a produtividade relativa das variedades de culturas e a precipitação eram os factores responsáveis pelas mudanças no padrão de cultivo.

Awasthi (1986) avaliou o desempenho de importantes padrões de cultivo em Meghalaya em terraços de sequeiro durante 1984 e 1985. A análise de custo e retorno mostrou que o cultivo duplo de arroz e nabo poderia ser o padrão de cultivo mais remunerador, seguido por arroz-rabanete, arroz-feijão, milho + grama vermelha, milho + turfa, milho + soja e arroz-sementes de linhaça.

Mandar e Sharma (1995) estudaram o desempenho da produção das culturas cerealíferas na Índia através de uma análise distrital. Verificaram que a produção de trigo aumentou devido à utilização intensiva e extensiva da terra e à utilização de factores de produção. No caso do jowar, com exceção de Maharashtra, todos os outros distritos registaram taxas de crescimento negativas, o que indica que culturas alimentares superiores mais rentáveis substituíram este cereal grosseiro nesses distritos. No caso da bajra, a produção não se alterou significativamente durante o período de estudo, exceto no Punjab, devido ao declínio da área cultivada com esta cultura.

Maheshwari (1996) estudou o crescimento agrícola em áreas semi-áridas no estado de Karnataka e concluiu que houve crescimento no período anterior à revolução verde, que continuou no período - II (1967 - 68 a 1979 - 80). No período - I (1955 - 56 a 1966-67), a área bruta irrigada aumentou 3,10% por ano, enquanto no período - II (1967-68 a 1979-80) a área bruta irrigada aumentou à taxa de 1,70% por ano. O consumo de fertilizantes por hectare foi de 2,22 kg no período I, 19,08 kg no período II e 47,38 kg no período III (1980-81 a 1989-90).

Jha (1997) estudou o crescimento agrícola nas planícies aluviais do Nordeste de Bihar e referiu que as taxas de crescimento composto da superfície, da produção e da produtividade do arroz, do trigo, do milho, da juta e das sementes oleaginosas eram positivas. O estudo do desempenho do crescimento dos principais factores de produção, nomeadamente a superfície cultivada bruta das principais culturas, a superfície cultivada com variedades de elevado rendimento, o consumo de fertilizantes e o padrão de precipitação, revelou uma tendência crescente. A área irrigada, no entanto, mostrou uma tendência decrescente após 1974-75 na zona, possivelmente devido ao problema de assoreamento e de registo de água na área de comando de Kari.

Anonymous (1998) estudou a avaliação económica do desenvolvimento agrícola no distrito de Jalgaon. Concluiu-se que o padrão de cultivo predominante era o dos cereais. A área cultivada com leguminosas e oleaginosas diminuiu e aumentou com culturas de rendimento como o algodão, a banana e a cana-de-açúcar. A superfície líquida irrigada e a superfície bruta irrigada aumentaram significativamente ao longo do tempo. Com exceção do arroz, quase todas as culturas cerealíferas registaram um aumento significativo da produção. A produtividade da cana-de-açúcar e do algodão registou um aumento significativo. Registou-se um aumento do número total de cabeças de gado, aves de capoeira, utilização de HYV e de fertilizantes. No entanto, as infra-estruturas para a agricultura e indústrias baseadas na produção de bananas precisam de ser desenvolvidas com prioridade no distrito.

Anónimo (1999) estudou a avaliação económica do desenvolvimento agrícola no distrito de Pune e referiu que a terra utilizada para fins agrícolas aumentou para 91,61% e a intensidade das culturas diminuiu para 9%. A superfície cultivada com arroz, rabi jowar, trigo, cana-de-açúcar, amendoim, frutos e produtos hortícolas aumentou. A superfície cultivada com *kharif* jowar, bajra e algodão diminuiu. Registou-se uma melhoria da produtividade do arroz e do jowar *kharif*. Durante o período de estudo, o efetivo pecuário aumentou substancialmente. Foi também sugerido o reforço das infra-estruturas para o desenvolvimento agrícola no distrito.

Kunjilal (2001) estudou as disparidades regionais no desenvolvimento agrícola em Maharashtra e concluiu que os padrões de utilização das terras e as percentagens das principais culturas na superfície cultivada bruta permaneceram mais ou menos estáveis em todas as regiões de Maharashtra. A taxa de adoção de HYV foi acelerada após meados dos anos setenta. O desempenho das culturas cerealíferas melhorou a partir de meados dos anos setenta. Registou-se um aumento da produtividade das culturas de leguminosas após meados dos anos setenta. A evolução tecnológica na agricultura levou a uma melhoria da produtividade dos factores de produção convencionais após 1972.

Rupkumar (2001) estudou as disparidades regionais em matéria de desenvolvimento agrícola no Maharashtra e concluiu que o padrão de utilização das terras e a percentagem das principais culturas na superfície cultivada bruta se mantiveram mais ou menos estáveis em todas as regiões do Maharashtra. A taxa de adoção de HYV foi acelerada após meados dos anos setenta. O desempenho das culturas cerealíferas melhorou a partir de meados dos anos setenta. Durante o mesmo período, registou-se um aumento da produtividade das leguminosas. A evolução tecnológica na agricultura conduziu a uma melhoria da produtividade das formas convencionais de factores de produção após 1972.

Gopalkrishanan (2001) efectuou um estudo sobre o sistema de posse da terra nos distritos de Garo Hill em Meghalaya. O bloco de desenvolvimento de Resubelpara foi o maior em área, seguido do bloco de

Songsak e do bloco de Rongjeng e Dambuk Aza. A percentagem mais elevada da área líquida semeada em 1986-87 foi registada nos blocos de Rongjeng e Zikzak (33,25% e 33,66%), seguidos dos blocos de Rongram e Selsella (24,11% e 21,66%) e de todos os outros blocos, que variavam apenas entre 5% e 10%. A percentagem de pastagens permanentes e terras diversas é muito elevada no bloco de Betasing (36,53%) porque essa área é mais ou menos plana, as pessoas utilizam a terra para pastagem dos seus animais domésticos e é utilizada para outros fins.

Bobade (2003) avaliou o desenvolvimento agrícola no distrito de Satara, em Maharashtra, e concluiu que a área de florestas tinha diminuído 4,09% durante o período em estudo no distrito de Satara. A área de terra estéril e não cultivável e a área de resíduos cultiváveis registaram uma tendência crescente no distrito. A área semeada líquida diminuiu ao longo do tempo, principalmente devido ao aumento das terras estéreis e não cultiváveis e das terras com resíduos cultiváveis. O padrão de cultivo do distrito, dominado pelos cereais, tem-se inclinado para as culturas comerciais.

Semwal *et al.* (2004) analisaram as mudanças nos padrões espaciais da utilização das terras agrícolas e da diversidade das culturas e a dependência dos agro-ecossistemas em relação às florestas, durante o período de 1963-1993, numa pequena bacia hidrográfica nos Himalaias centrais, na Índia. O seu estudo revelou que o aumento das terras agrícolas foi de 30% à custa de uma diminuição de 5% das terras florestais. As alterações no padrão de utilização dos solos aumentaram o rendimento das famílias à custa de uma elevada intensidade de remoção de biomassa da floresta. Concluíram que o esgotamento contínuo dos recursos florestais resultaria em fracos rendimentos económicos da agricultura para as populações locais.

As revisões sobre as mudanças no uso da terra e no padrão de cultivo indicaram, portanto, que a produtividade relativa da cultura e a precipitação foram os factores responsáveis pelas mudanças nos padrões de cultivo, a terra colocada em uso não agrícola aumentou e, devido ao aumento da pressão populacional sobre a terra e à diminuição da produtividade, levou à utilização de mais área sob cultivo itinerante nos distritos do Nordeste. Além disso, a área de florestas diminuiu rapidamente em altitudes mais elevadas.

2.2 Taxas de crescimento da superfície, da produção e da produtividade das principais culturas

Pawar e Patil (1975) estimaram as taxas de crescimento das culturas comerciais em Maharashtra para o período de 1961-62 a 1971-72 e observaram que a área e a produção de cana-de-açúcar aumentaram a um ritmo acelerado, enquanto as do algodão e do amendoim diminuíram. A produtividade destas culturas manteve-se quase estagnada.

Pachrupe (1977) estudou as taxas de crescimento regional da superfície, da produção e da produtividade das principais culturas de cereais alimentares em Maharashtra durante o período de 1950-51 a 1975-76. Observou que as taxas de crescimento da produção das principais culturas de cereais alimentares eram baixas e mesmo negativas durante todo o período em quase todas as regiões. O desempenho das culturas de cereais alimentares durante o período pós-revolução verde foi, no entanto, extremamente bom no Estado.

Goel e Agrawal (1979) revelaram que tanto a área como a produtividade desempenharam um papel significativo no aumento da produção de arroz, trigo, bajra e algodão americano em Haryana durante o período de 1960-61 a 1977-78. Verificaram que a área e a produtividade do algodão Deshi aumentaram significativamente, enquanto a produção de grama diminuiu devido a uma redução significativa da área. As tendências da área e da produtividade da cana-de-açúcar não foram significativas durante o período considerado.

Rath (1980) estimou as taxas de crescimento composto da área, produção e produtividade das principais culturas na Índia para o período de 1949-50 a 1977-78. Verificou que a produção agrícola total da Índia cresceu a uma taxa média de 2,48% por ano. Com o advento dos novos HYV, o padrão só se alterou no que respeita ao trigo durante o período posterior a 1965.

Pal Suresh e Sirohi (1988) estimaram as taxas de crescimento composto da superfície, da produção e da produtividade das culturas comerciais na Índia para os períodos de 1949-50 a 1964-65 e de 1967-68 a 1984-85. A nível de toda a Índia, verificou-se um declínio substancial da taxa de crescimento da superfície, causado pela diminuição da produção de todas as culturas comerciais, com exceção da batata, no período pós-mudança tecnológica. Uma melhoria apreciável da produtividade da batata conduz a um crescimento comparativamente mais elevado da produção. A taxa de crescimento da produtividade aumentou no caso do amendoim, do algodão e da juta, mas diminuiu no caso da cana-de-açúcar. A produção e a produtividade do amendoim em Gujarat e do algodão e do amendoim em Maharashtra foram altamente instáveis em ambos os períodos.

Hanumantha Rao (1989) estudou as taxas de crescimento da produção de arroz e de cereais para os períodos de 1961-62 a 1977-78 e de 1977-78 a 1988-89. Verificou-se uma melhoria da taxa de crescimento da produção de cereais alimentares no segundo período, em comparação com o primeiro período. Culturas como o arroz e as leguminosas apresentaram taxas de crescimento mais elevadas. Há indícios claros de que os principais desequilíbrios de crescimento entre culturas registados nos primeiros anos da revolução verde foram, em certa medida, corrigidos no período recente.

Mitra e Jena (1991) efectuaram um estudo sobre as taxas de crescimento da produção de amendoim em Orissa. O objetivo era avaliar as taxas de crescimento da área, da produção e da produtividade da cultura.

Para o efeito, todo o período de trinta e seis anos foi dividido em duas partes, *a saber,* o período I (1950-51 a 1962-63) e o período II (1967-68 a 1985-86). Também foram estudadas as taxas de crescimento de todo o período, ou seja, de 1950-51 a 1985-86. O estudo revelou que o crescimento da área e da produção de amendoim durante o período de estudo foi significativo. No entanto, as taxas de crescimento composto da produtividade foram baixas e não significativas.

Singh (1991) estudou as tendências em matéria de superfície, produção e produtividade das culturas de fibras em Orissa. O estudo revelou que as taxas de crescimento da área e da produção do total das culturas de fibras no período de 1972-73 a 1981-82 não eram estatisticamente significativas. A área e a produção de juta no Estado permaneceram estagnadas durante esse período. Foi registado um crescimento negativo significativo da produtividade das culturas de fibras durante o período. Esta tendência decrescente do desempenho das culturas de fibras foi atribuída à falta de estrutura de mercado.

Pawar *et al.* (1991) examinaram as variações regionais no desempenho dos principais cereais, leguminosas, oleaginosas, frutos e produtos hortícolas em Maharashtra durante o período de 1956-57 a 198788, com base nas taxas de crescimento compostas estimadas para a superfície, a produção e a produtividade de cada cultura. Com base nas provas empíricas, concluiu-se que o desempenho de quase todos os cereais era insatisfatório durante o período anterior à revolução verde. No entanto, a situação melhorou muito com os grandes avanços da revolução verde. O aumento da produção total de cereais deveu-se, em grande medida, a uma melhoria significativa da produtividade da maioria das culturas cerealíferas. O desempenho do conjunto das leguminosas foi satisfatório durante o período de 1956-57 a 1987-88. O aumento da produção de leguminosas foi atribuído principalmente ao aumento significativo da área cultivada com leguminosas.

No entanto, o desempenho das leguminosas secas variou muito entre as regiões e durante os diferentes períodos de tempo. No caso das sementes oleaginosas, a situação é semelhante. Os ganhos de melhoria da produtividade de algumas das culturas hortícolas foram compensados pelo efeito de contração da superfície nos últimos anos. O desempenho global das culturas frutícolas foi satisfatório em todas as regiões de Maharashtra. O desempenho da cana-de-açúcar foi misto. Registaram-se variações regionais na expansão da área cultivada e no aumento da produção de cana-de-açúcar. O aumento da produção de cana-de-açúcar deveu-se exclusivamente à expansão da área, uma vez que se registou um declínio contínuo da sua produtividade.

Rahane e Joshi (1993) estimaram as taxas de crescimento composto da área, produção e produtividade de algumas importantes culturas oleaginosas e leguminosas em Maharashtra. O estudo baseou-se em dados secundários relativos ao amendoim (1966-67 a 199192), ao sésamo (1966-67 a 1988-89), ao cártamo (1968-69 a 1989-90), à grama e à turfa (1966-67 a 1990-91). O estudo revelou que a área, a produção e a produtividade de sésamo, cártamo, grama e turfa aumentaram significativamente. Mas no caso do amendoim, apenas se registou um aumento da sua produção e produtividade. Entre as várias sementes oleaginosas e leguminosas, as taxas de crescimento mais elevadas em termos de área foram observadas no sésamo (2,97%), enquanto as taxas de crescimento da produção (8,26%) e da produtividade (5,74%) foram mais elevadas no caso do cártamo. A área cultivada com amendoim diminuiu significativamente ao longo do período, enquanto a produção aumentou principalmente devido ao aumento da produtividade. A produção de sésamo também aumentou significativamente devido ao aumento da área e a um ligeiro aumento da sua produtividade. Registou-se um enorme aumento da produção de cártamo, principalmente devido ao aumento da produtividade e a um ligeiro aumento da área. A produção de turfa aumentou significativamente, mas a maior contribuição deveu-se a um aumento significativo da área de 2,05% em comparação com a produtividade. A produção de grama aumentou significativamente a uma taxa de 4,18% por ano, tendo contribuído igualmente com um aumento significativo da área e da produtividade, principalmente devido à introdução de instalações de irrigação, tecnologia melhorada e variedades de alto rendimento.

Kumar (1994) estudou a política de cruzamento do Governo indiano e previu que uma mudança na tecnologia de produção de leite das vacas locais para as vacas cruzadas conduziria a um aumento da produção de leite. Estudos empíricos realizados em várias partes do país revelaram a superioridade económica das vacas cruzadas em relação ao gado local e, por conseguinte, a obtenção de ganhos consideráveis com a adoção desta tecnologia.

Kumar (1996) verificou que a área, a produção e a produtividade das leguminosas secas se mantiveram quase estáticas na Índia nas últimas três décadas. Foram feitas sugestões para utilizar pesticidas e fertilizantes para aumentar a produtividade das áreas cultivadas com leguminosas.

Jagannathan (1998) apresentou as tendências e os padrões de crescimento agrícola de diferentes culturas na Índia. O estudo revelou que se registou um aumento do rendimento e, consequentemente, da produção de todas as culturas a uma taxa crescente na fase inicial da revolução verde. O estudo concluiu que o investimento público tinha de desempenhar um papel importante no desenvolvimento tecnológico e das infra-estruturas para o crescimento agrícola. Além disso, o crescimento sustentado e acelerado da produção agrícola não só contribuiria para reduzir as disparidades de rendimento entre as zonas rurais e urbanas, como também para reduzir ainda mais a pobreza rural.

Maibangsa (1998) estudou o crescimento da agricultura de montanha em Meghalaya e observou as tendências na área, produção e rendimento da área de estudo. O estudo concluiu que o trigo registou um aumento notável da área, da produção e da produtividade durante o período acima referido, seguido da Mesta. A área, a produção e o rendimento do milho, das oleaginosas, das leguminosas secas e da batata também registaram um aumento significativo. No entanto, o rendimento do arroz registou uma diminuição de 6,12%. A juta e o algodão foram as duas culturas de fibras que registaram uma tendência decrescente em termos de superfície e de produção. As flutuações dos preços e a falta de instalações adequadas de comercialização, transformação e armazenagem foram os principais factores que levaram à transferência da superfície destas culturas para outras culturas alimentares. As mudanças tecnológicas, como a utilização de variedades de culturas de alto rendimento, fertilizantes, pesticidas e irrigação, podem ter influenciado o aumento da produção e da produtividade de outras culturas no Distrito.

Tadakhe (1999) estudou a taxa de crescimento da agricultura a nível distrital na região de Konkan e concluiu que foram observadas taxas de crescimento positivas em termos de área irrigada, consumo de fertilizantes azotados e fosfatados, produção e produtividade de culturas importantes cultivadas na região de Konkan. O estudo concluía que o desenvolvimento agrícola estava a decorrer na direção desejada. Na maioria dos estudos relativos às taxas de crescimento, os investigadores

Anonymous (1999) estudou o crescimento da produção agrícola na Índia. O crescimento da produção agrícola foi de cerca de 3,9% em 1998-99, contra uma queda de 6% no ano anterior. A produção de cereais alimentares aumentou anualmente 3,22% durante os anos cinquenta, principalmente devido à expansão da área de cultivo de cereais alimentares. Os anos sessenta registaram um crescimento anual baixo de 1,72%, o que exigiu importações de cereais alimentares em grande escala. Nos anos setenta, registou-se um crescimento anual de 2,08%. Esta década foi o ponto de viragem na economia indiana dos cereais alimentares e o caminho para a autossuficiência foi marcado pelas mudanças revolucionárias na tecnologia das sementes, que fizeram aumentar os níveis de produtividade, primeiro no trigo e depois no arroz, nos anos oitenta. Um crescimento anual de 3,5% dos cereais alimentares nos anos oitenta foi a marca da revolução verde que permitiu à Índia tornar-se autossuficiente em cereais alimentares e até mesmo um exportador.

Singh *et al.* (2001) observaram que a produção de leite aumentou significativamente em todas as regiões montanhosas do Nordeste, tendo o maior crescimento sido registado em Mizoram (21,6%), seguido de Nagaland (19,40%), Tripura (5,83%), Sikkim (3,88%) e Arunachal Pradesh (1,45%). Registou-se um aumento significativo da produção de ovos na região do Nordeste. Dos 8 distritos, 4 distritos, *nomeadamente* Nagaland, Mizoram, Manipur e Meghalaya, registaram uma taxa de crescimento superior à média nacional de 6,16% por ano. Acrescentaram ainda que a produção de peixe nos distritos do Nordeste poderia aumentar significativamente em 3 distritos, *nomeadamente* Arunachal Pradesh, Manipur e Meghalaya.

Segundo as estimativas de Anonymous (2003), a produção de leite em Meghalaya foi de 0,40 lakh toneladas em 1983-84, tendo aumentado gradualmente de um ano para o outro, e a produção de leite em 1999-2000 foi de 0,62 lakh toneladas. O objetivo que se espera alcançar em 2001-02 está estimado em 0,66 lakh toneladas. Dado que a população do distrito é composta por mais de 75% de não-vegetarianos, a produção de carne no distrito, que era de apenas 0,124 lakh toneladas em 1983-84, saltou para 0,316 lakh toneladas em 1999-2000, registando um aumento de mais de 150%. Estimava-se que a produção de carne em 2001-02 aumentaria para 0,34 lakh toneladas. No que respeita à produção de ovos, estimava-se que a produção de 51,4 milhões de ovos em 1983-84 atingiria 90,2 milhões em 1999-2000.

Anónimo (2004) referiu que a espécie animal predominante na região montanhosa do Nordeste era a

bovinos, incluindo 11,48 milhões de bovinos, 0,8 milhões de búfalos e 0,27 milhões de mitras. Os animais leiteiros são principalmente bovinos de baixa produção, com uma produtividade média de 1,34 litros/dia na região montanhosa do Nordeste, contra uma produção diária de leite de 2,77 litros em toda a Índia.

Sharma *et al.* (2005) referiram que a criação de gado é um modo de vida da comunidade agrícola montanhosa e tribal. É um empreendimento lucrativo na região montanhosa do Nordeste, tendo em conta as condições agro-climáticas favoráveis que prevalecem na região. A produção de leite registou um aumento significativo, que variou entre 1,49 e 21,6 por cento. O aumento significativo da produção de leite em Tripura foi atribuído principalmente à melhoria da raça leiteira. O aumento do efetivo bovino variou entre 18,9% em Sikkim e 256,99% em Nagaland. Registou-se um aumento significativo da produção de ovos em Nagaland, Manipur, Mizoram e Meghalaya, com um crescimento superior a 6,16%.

Anónimo (2006) realizou o estudo em Tripura, uma vez que existe um bom potencial para a criação de gado leiteiro no distrito, o que se traduz na utilização de 8% da área de terra explorada nas zonas rurais para a criação de animais, que é a mais elevada de todos os distritos montanhosos do Nordeste.

Basnet (2006) estudou o desenvolvimento agrícola no Nepal e concluiu que, no sector da pecuária, as taxas de crescimento da população de vacas leiteiras e búfalos, suínos, galinhas e galinhas poedeiras eram positivas, enquanto a população de ovinos tinha uma taxa de crescimento negativa durante o período de estudo. As taxas de crescimento da produção de leite de vaca, carne de porco, ovos de galinha e peixes foram bastante satisfatórias.

Na maioria dos estudos, os investigadores tentaram compreender o padrão de crescimento da produção agrícola e da população pecuária. Alguns dos investigadores utilizaram os resultados do estudo para fins de previsão. A maioria dos estudos sugeriu que a necessidade futura de aumentar a população deve provir do rendimento e não da expansão da área.

2.3 Desenvolvimento de infra-estruturas para a agricultura

A Associação de Fertilizantes da Índia (1982) informou que o consumo de fertilizantes na Índia aumentou a uma taxa de crescimento anual composta de 9,3 por cento ao ano durante o ano de 1971-1981. Foram registadas flutuações violentas no consumo de fertilizantes de ano para ano, bem como entre regiões e estados. Punjab, Haryana e Uttar Pradesh registaram uma taxa de crescimento mais elevada no consumo de fertilizantes. Bihar e Gujarat registaram taxas de crescimento mais baixas.

Anónimo (1982) referiu que o consumo de fertilizantes na Índia aumentou a uma taxa de crescimento anual composta de 9,3% ao ano durante o período de 1971-1981. Foram registadas flutuações violentas no consumo de fertilizantes de ano para ano, bem como entre regiões e distritos. Punjab, Haryana e Uttar Pradesh registaram uma taxa de crescimento mais elevada do consumo de fertilizantes. Bihar e Gujrat registaram taxas de crescimento inferiores.

Diwakar (1988) referiu que as infra-estruturas e as instalações organizacionais são essenciais para a adoção de tecnologias modernas em Meghalaya. A análise dos dados secundários revelou que as instalações de transporte continuam a ser um sério obstáculo à adoção de tecnologias modernas.

Alshi *et al.* (1992) estudaram as tendências em matéria de área, produção e rendimento das culturas frutícolas no distrito de Maharashtra e concluíram que se registou um aumento da produção total de frutos de

6,98% por ano. O fornecimento de amostras de qualidade das culturas frutícolas, as instalações de irrigação, os meios de transporte para uma comercialização rápida, a comercialização cooperativa e a criação de unidades de transformação de frutos são algumas das questões que exigem uma atenção imediata para o desenvolvimento das culturas hortícolas.

Anonymous (1993) estudou o desenvolvimento agrícola e a distribuição de cereais através de uma análise inter-regional e intra-regional no Uttar Pradesh. O consumo médio de fertilizantes em todos os distritos, bem como nas regiões do distrito, registou um aumento positivo entre 1970-71 e 1990-91. Além disso, concluíram que os ganhos do desenvolvimento agrícola não tinham sido partilhados equitativamente, pelo que as desigualdades regionais e inter-regionais tinham aumentado.

Narain et al. (1993) avaliaram o desenvolvimento económico de diferentes distritos do distrito de Orissa. Para este estudo, foram utilizados os dados a nível distrital relativos ao ano de 1990-91 sobre quarenta e seis indicadores diferentes que descrevem vários factos do desenvolvimento de diferentes sectores da economia. O estudo concluiu que os desenvolvimentos agrícola e industrial estavam mutuamente associados. Os indicadores como a irrigação, os fertilizantes, a produção de cereais, as instalações médicas, a taxa de crescimento decenal da população, a alfabetização, as instalações bancárias, etc. necessitavam de melhorias de magnitude variável.

Singh e Tyagi (1995) estudaram o impacto na agricultura num dos quarteirões do distrito de Basti, na região oriental de U.P. A análise indicou que as cooperativas, ao fornecerem crédito adequado e atempado, podem ter um impacto favorável no desenvolvimento agrícola, mesmo numa região atrasada. No entanto, para que esse impacto seja significativo, seria necessário alargar ainda mais os serviços das cooperativas e aumentar a sua eficiência.

Satpute *et al.* (1997) efectuaram um estudo sobre o desenvolvimento distrital na região de Marathwada e concluíram que, em 1982-83, a área irrigada líquida era a mais elevada no distrito de Osmanabad. No entanto, em 1983-84, o distrito de Nanded ocupava o primeiro lugar em termos de área irrigada líquida. O movimento cooperativo era proeminente nos distritos de Aurangabad e Nanded. Foi sugerido que o desenvolvimento equilibrado e a mobilização de recursos para os distritos subdesenvolvidos eram essenciais.

Rahane e Kasar (1999) estudaram as tendências não só do crescimento da irrigação, mas também da afetação da área irrigada a diferentes culturas durante os últimos 36 anos no Estado de Maharashtra, ou seja, de 1961-62 a 1995-96, que foram utilizadas neste estudo. Foram utilizados o método de análise simples e a análise de regressão para chegar aos resultados explicados a seguir.

O estudo revelou que tanto a área irrigada líquida como a bruta aumentaram significativamente com a taxa de crescimento linear de

4.5 e 6,06% por ano, respetivamente, durante o período de 1960-61 a 1995-96 em Maharashtra. A taxa de crescimento da irrigação foi significativamente mais elevada no período I (1960-61 a 1977-78) do que no período II (1978-79 a 1995-96). Os poços parecem ter sido a principal fonte de irrigação. O desenvolvimento da irrigação é bastante notório no oeste de Maharashtra, seguido de Marathwada e Vidarbha, enquanto que na região de Konkan é fraco. Da área irrigável total durante o ano de 1995-96, a quota destas regiões é de 51,27, 26,05, 21,08 e 1,50 por cento, respetivamente, no Estado.

O aumento significativo da atribuição de superfície irrigada foi registado no caso do trigo, leguminosas, cana-de-açúcar, amendoim, frutos e produtos hortícolas, enquanto o declínio proporcional da atribuição de superfície irrigada foi registado no caso do arroz, jowar (rabi), jowar *(kharif)* bajra, milho e algodão no Estado de Maharashtra durante o período em estudo.

Dodkey e Kuchhadiya (2001) estudaram o fluxo de financiamento institucional do sector agrícola no distrito de Junagadh, no estado de Gujarat. As taxas de crescimento linear foram calculadas para os dados da série cronológica de 10 anos (1985-86 a 1994-95). Verificaram que o total dos empréstimos agrícolas registou uma taxa de crescimento de 17,38% ao ano no distrito. Concluíram ainda que o fluxo de financiamento institucional para o sector agrícola tem vindo a aumentar significativamente ao longo dos anos, ou seja, de acordo com o objetivo estabelecido para a institucionalização do crédito rural.

Dhar (2005) estudou a economia do Nordeste da Índia e observou que a falta de desenvolvimento das infra-estruturas se devia às características geográficas peculiares de toda a região montanhosa do Nordeste, que foi negligenciada desde muito cedo. Os distritos do Nordeste estavam atrasados em relação à maioria dos outros distritos do nosso país em matéria de transportes, comunicações, eletrificação, facilidades de crédito, etc.

Sharma *et al.* (2005) estudaram o desenvolvimento das infra-estruturas e a análise da utilização dos factores de produção em relação aos ganhos de produção e salientaram que o desenvolvimento da irrigação tinha sido bastante desigual nos distritos montanhosos do Nordeste. Não houve um esforço organizado para aproveitar os recursos hídricos em todos os distritos. Em Manipur e Tripura, onde a percentagem da área líquida irrigada em relação à área cultivada era elevada, a produtividade dos cereais alimentares também era maior.

Shreeranjan (2006) estudou os problemas do excesso de dívidas em Meghalaya e concluiu que este país tem vindo a apresentar níveis de recuperação constantemente baixos, tanto no sector prioritário como noutros programas de luta contra a pobreza. De facto, estes adiantamentos transformaram-se, em grande medida, em créditos excedentários crónicos e em activos não produtivos (NPA) do sector bancário, o que levou o banco a constituir provisões consideráveis de acordo com as normas do Banco Central da Índia. Entretanto, com quase todas as dívidas em atraso a transformarem-se em perdas durante os últimos 5-7 anos, os bancos não estão em condições de abrir o canal de crédito ao nível das bases. O District Co-op. Bank, o SBI e o RRB estão mais presentes nas zonas rurais. Estes bancos estão a ter dificuldade em conceder novos créditos, uma vez que a maioria das sociedades e dos mutuários se tornaram incumpridores, acumulando enormes dívidas em atraso.

Kumar *et al.* (2007) estudaram o sector pecuário na região nordeste da Índia e observaram que o fluxo de crédito na região montanhosa do nordeste era muito baixo. A disponibilidade de crédito era de 650 rupias por hectare de área semeada líquida, muito inferior à média nacional de 3450 rupias por hectare. A falta de crédito institucional constitui um grave obstáculo ao desenvolvimento da pecuária, uma vez que o fluxo de crédito à pecuária é ainda pior do que o da agricultura.

Souvik et al. (2010) estudaram o desempenho da irrigação e do sector agrícola em Orissa e a sua influência no desenvolvimento económico do distrito. Apesar do aumento do potencial de irrigação ao longo dos anos, a produção de cereais alimentares em Orissa registou um crescimento mais lento; no entanto, o fornecimento de irrigação assegurado aumentou a área de arroz durante a estação seca em 60%.

Kapil Bhatt (2012) estudou que a utilização de tractores, debulhadoras de trigo, debulhadoras de arroz e descascadoras de milho aumentou consideravelmente durante o período em estudo. A nível distrital, o consumo anual de fertilizantes totais aumentou. Isto mostra que os agricultores do distrito tomaram consciência da utilização de fertilizantes químicos para melhorar a produtividade das culturas.

Os estudos sobre o desenvolvimento de infra-estruturas para a agricultura têm referido que as instalações infra-estruturais e organizacionais são essenciais para a adoção de tecnologia moderna. Os Distritos do Nordeste estão atrasados em relação à maioria dos outros distritos do nosso país no que diz respeito a transporte, comunicação, eletrificação e facilidades de crédito. Também o desenvolvimento da irrigação tem sido desigual nos distritos do Nordeste e os esforços organizados para aproveitar os recursos hídricos não estão à altura em todos os distritos. A disponibilidade de crédito nos distritos do Nordeste era muito baixa e o crédito institucional constituía um grande obstáculo ao desenvolvimento da agricultura.

2.4. Factores responsáveis pelo desenvolvimento agrícola

Sagar (1978) estudou a contribuição de factores tecnológicos individuais no crescimento agrícola do Rajastão. Neste caso, foi feita uma tentativa de medir a contribuição de três factores tecnológicos, nomeadamente variedades de sementes de elevado rendimento, fertilizantes e irrigação, para o crescimento da produtividade agrícola no Rajastão entre 1967 e 1974. Observou que o trigo registou um aumento de rendimento de 40% devido aos factores tecnológicos acima referidos. Ao examinar a sua contribuição, observou que as variedades de alto rendimento contribuíram com 26% do aumento do rendimento, enquanto a parte dos outros dois factores foi de 74%. A nível global, a quota-parte das novas variedades de sementes foi de 15 por cento. A quota-parte dos fertilizantes e da irrigação foi de 30 por cento e 18 por cento, respetivamente.

Naikwadi (1980) estudou o desenvolvimento da agricultura no distrito de Sangli, em Maharashtra, e concluiu que a produção agrícola era positiva e significativamente influenciada pela área irrigada líquida, pela quantidade de fertilizantes desembolsados e pela precipitação média anual, ao passo que o montante do crédito desembolsado mostrava uma associação negativa com a produção agrícola no distrito. Sugeriu a necessidade de expansão das instalações de irrigação e de fornecimento de fertilizantes nas zonas secas do distrito para o desenvolvimento da agricultura.

Bhagat (1983) estudou as disparidades inter-regionais em matéria de infra-estruturas agrícolas em Bihar. Verificou que as regiões de planície de Bihar estavam suficientemente dotadas de infra-estruturas e que, por conseguinte, a utilização de novas práticas agrícolas também permitia um nível elevado de produtividade agrícola, ao passo que essas infra-estruturas eram muito insuficientes na região do planalto de Chotanagpur. O estudo revelou ainda que a disponibilidade de infra-estruturas leva os agricultores a utilizarem amplamente as novas práticas agrícolas, o que conduz a um nível mais elevado de produtividade agrícola.

Borah (1993) promoveu inicialmente a plantação de café e borracha como alternativa à agricultura itinerante nas colinas do Nordeste. Para além dos problemas associados às culturas comerciais, as culturas de plantação tinham a complicação adicional de um período de gestação mais longo. No entanto, a área afetada pela agricultura itinerante continua a ser significativa e é necessário prosseguir as intervenções destinadas a fazer com que os restantes agricultores itinerantes adoptem modos de vida mais sustentáveis. Os programas e pacotes experimentados como alternativa à cultura Jhum tiveram até à data um êxito limitado.

Sarkar (1993) estudou a tecnologia e o desenvolvimento agrícola; um estudo de caso no Bihar tribal. Este trabalho investigou o nível de adoção de novas tecnologias e os constrangimentos à difusão de novas tecnologias agrícolas em zonas tribais do distrito de Bihar, na Índia. As novas tecnologias agrícolas não tiveram um impacto efetivo na região.

A difusão de novas tecnologias foi considerada mais baixa na zona de montanha do que na zona de planície e relativamente mais elevada para o trigo do que para outras culturas. Entre as limitações identificadas contam-se a falta de irrigação garantida, a falta de capital, a falta de sensibilização para os pacotes de práticas recomendados, o elevado custo das sementes HYV e dos factores de produção conexos, a falta de disponibilidade atempada de sementes HYV e os créditos de alto risco, a falta de tecnologia HYV adequada às condições de sequeiro; infra-estruturas deficientes e disposições administrativas fracas.

Pokharkar *et al.* (2002) efectuaram um inquérito para conhecer o impacto da tecnologia no desenvolvimento agrícola em Maharashtra. Utilizando uma função de produção de tipo exponencial, calcularam as taxas de crescimento composto da superfície, da produção e da produtividade das principais culturas e dos factores de produção mais importantes durante um período compreendido entre 1960-61 e 1997-98. O estudo revelou que o crescimento da produção se deveu a uma melhoria da produtividade em todas as culturas, com exceção da cana-de-açúcar e do kharif. A produção de jowar deveu-se à utilização de tecnologias modernas na agricultura, à utilização de sementes híbridas e de elevado rendimento, ao aumento das instalações de irrigação, ao aumento da utilização de fertilizantes químicos por hectare, etc. A produção de cana-de-açúcar e de jowar kharif aumentou devido ao aumento da superfície e da produtividade durante todo o período. Assim, o crescimento na produção agrícola total e o aumento no uso de insumos principais indicaram o impacto da tecnologia no desenvolvimento agrícola no distrito, o que foi um bom sinal para o desenvolvimento agrícola.

Mamatzakis (2003) avaliou o efeito das infra-estruturas públicas no desempenho económico da agricultura grega. Os resultados mostraram que, no período de 1960 a 1995, o impacto das infra-estruturas públicas no crescimento da produtividade da produção animal e vegetal foi positivo, embora tenha diminuído desde o final da década de 1970. Assim, um declínio no investimento em infra-estruturas públicas poderia explicar parcialmente o declínio observado no crescimento da produtividade da agricultura grega durante a década de 1980.

Birthal *et al.* (2005) estudaram a coordenação vertical em produtos alimentares de elevado valor e referiram que a agricultura de elevado valor exige mais capital, tecnologias melhoradas, factores de produção de qualidade e melhores serviços de apoio. A falta de acesso a estes factores pode limitar a diversificação das pequenas explorações agrícolas. A maior parte dos produtos de base de elevado valor são perecíveis e necessitam de transporte imediato da produção para os centros de consumo e os mercados. Os mercados rurais de produtos de base de elevado valor são escassos e os excedentes comercializados pelos pequenos agricultores são geralmente demasiado pequenos para serem comercializados economicamente em mercados urbanos distantes devido aos elevados custos de transporte.

Jabir Ali (2007) estudou o desenvolvimento do sector pecuário e as implicações para a redução da pobreza rural na Índia e referiu que o sector pecuário na Índia registou um crescimento notável durante as duas últimas décadas em termos de produção, valor da produção animal e comércio. Contribui em cerca de 25% para o valor bruto da produção agrícola a nível nacional e mais para a redução da pobreza.

Resumindo as análises anteriores, verifica-se que tanto os factores institucionais como os tecnológicos são responsáveis pelo crescimento da agricultura. Os factores tecnológicos incluem as competências técnicas, a investigação, a educação e a utilização de técnicas modernas, enquanto os factores institucionais incluem as condições que são úteis para a criação de infra-estruturas adequadas ao desenvolvimento da agricultura. A disponibilidade de factores de produção essenciais é a principal componente deste aspeto, que tem uma influência significativa na melhoria da produtividade agrícola.

2.5. Pontos fortes, pontos fracos, oportunidades e ameaças (SWOT) da agricultura:

Técnicas de análise Swot utilizadas na avaliação económica do desenvolvimento agrícola do distrito.

Renuka, C. Kumari (2003) referiu os pontos fortes, os pontos fracos, as oportunidades e as ameaças da agricultura indiana ou analisou-os no contexto do governo. O desmantelamento do sistema de restrições quantitativas à exportação e o anúncio de uma estratégia de promoção das exportações agrícolas constituem um passo no sentido de atingir uma quota de 1% nas ameaças globais.

K.N. R. Lakshmi, K.S. Kumar (2004) apresentaram uma análise (SWOT) da agricultura de Andhra Pradesh no contexto do potencial de exportação agrícola. Indicam que os agricultores devem concentrar-se mais na rendibilidade do que na produtividade.

Jungho Suh e Nick F. Emtage (2005). O estudo foi realizado durante um seminário para identificar os pontos fortes, os pontos fracos, as oportunidades e as ameaças (SWOT) da gestão florestal comunitária na província de Leyte, nas Filipinas. Foi apresentado simultaneamente a cada membro do grupo um formulário com perguntas abertas, em vez de sessões de discussão oral tradicionalmente associadas à análise SWOT. O método de inquérito por questionário visava minimizar a necessidade de tempo, evitar que os dados fossem enviesados por alguns actores dominantes e obter frequências relativas. A maior força do programa de silvicultura é vista como sendo o poder dado às comunidades rurais para plantar e gerir árvores em terras controladas pelo Estado. Outros pontos fortes incluem os recursos e a formação fornecidos para apoiar o programa, e a promoção da cooperação entre os membros da comunidade. A falta de financiamento estrangeiro e local para apoiar o programa foi vista como o ponto fraco mais importante. A possível retirada ou esgotamento do financiamento estrangeiro foi vista como uma grande ameaça potencial. Os inquiridos também estão preocupados com a possibilidade de as comunidades encontrarem mercados para os seus produtos florestais lenhosos e não lenhosos. Outros desafios incluem a falta de instalações de transformação de madeira em Leyte e a instabilidade e complexidade dos regulamentos governamentais. No que diz respeito às oportunidades, os inquiridos tendem a referir o que gostariam de ver feito para melhorar o desempenho do programa, em vez de inovações do programa, provavelmente porque ainda não foi efectuada qualquer exploração madeireira.

H.V. Chavan, S.K. Sharma (2007) referem que a crescente sensibilização para a importância das árvores em termos de benefícios económicos e ambientais é a principal força motriz da adoção da agrofloresta. A análise (SWOT) da tecnologia oferece uma perspetiva construtiva sobre o desenvolvimento de forças, a conversão de fraquezas em forças, o aproveitamento de oportunidades e a minimização de ameaças.

3. METODOLOGIA

Este capítulo trata do plano de investigação e das fontes de dados. Destina-se a descrever claramente a metodologia adoptada para atingir os objectivos em estudo. O capítulo foi, portanto, concebido para explicar o plano de amostragem, as fontes de dados, o método de recolha de dados e as técnicas de análise adoptadas para atingir cada um dos objectivos definidos no presente estudo.

3.1 Abordagem básica do estudo

Os principais objectivos da presente investigação foram avaliar o desenvolvimento agrícola alcançado até agora durante os trinta e dois anos no distrito de Kolhapur. Para o efeito, foram estudados os aspectos importantes do processo de desenvolvimento agrícola. Acredita-se que o desenvolvimento agrícola numa região específica provoca mudanças significativas na utilização das terras e no padrão de cultivo devido à aptidão racional dos agricultores para fazer investimentos no desenvolvimento das terras e afetar os seus recursos a empresas altamente compensadoras. A adoção de novas técnicas de produção resulta no aumento da produtividade de uma cultura. As novas técnicas de produção implicam a utilização de factores de produção cruciais que têm um efeito significativo na produção agrícola. O estudo tem por objetivo avaliar o desenvolvimento agrícola, examinando as alterações na utilização das terras e no padrão de cultivo, a superfície, a produção e a produtividade das principais culturas, o desenvolvimento das infra-estruturas em termos de fornecimento de factores de produção cruciais, o sistema de adição de valor de mercado e também identificar os factores que influenciam o desenvolvimento agrícola no distrito de Kolhapur em maior medida.

Especificamente, o presente estudo tenta analisar as mudanças na utilização das terras e no padrão de cultivo durante trinta e dois anos, de

1980-81 a 2011-12, para conhecer a tendência dos agricultores na afetação de recursos e na combinação de produtos em resultado do desenvolvimento agrícola no distrito de Kolhapur. As alterações são medidas através da estimativa das proporções em relação aos respectivos totais nos pontos seleccionados do tempo.

O impacto da nova tecnologia, ou seja, a Revolução Verde, que foi introduzida a partir de meados dos anos sessenta, na produção agrícola foi avaliado através da estimativa de taxas de crescimento compostas na área, produção e produtividade das principais culturas cultivadas no distrito de Kolhapur para três períodos diferentes, *ou seja,* 1980-81 a 1994-95, 1995-1996 a 2011-12, e também para todo o período de 1980-81 a 2011-12. Isto tornou-se útil para comparar as taxas de crescimento das culturas seleccionadas para os períodos acima referidos e conhecer o seu desempenho no distrito de Kolhapur. Também se tentou identificar os factores que influenciam o desenvolvimento agrícola através da análise de regressão múltipla. Para tal, toma-se como variável dependente a produção agrícola total do distrito de Kolhapur em termos monetários e os factores independentes, *a saber* percentagem da área bruta irrigada em relação à área bruta semeada *(xi)*, consumo de fertilizante total (NPK) por ha de área bruta irrigada *(x2)*, percentagem da área de sementes de variedades de elevado rendimento em relação à área bruta semeada (x_4), percentagem da área de culturas comerciais em relação à área bruta semeada (x_5), montante do empréstimo (curto e médio prazo) desembolsado através do KDCCB por ano em *Lakh* de rupess (x_6), precipitação média no distrito (mm) *(x7)*, área cultivada com culturas frutícolas em hectare (x_8) e número de animais leiteiros (x_9). O procedimento de investigação adotado para estudar os aspectos acima referidos do estudo foi explicado na discussão que se segue.

3.2 Localização do estudo

O distrito de Kolhapur é uma área bastante compacta de 2.794,4 milhas quadradas, delimitada pelo distrito de Ratnagiri a oeste, pelo rio Varana (N. Satara) a norte, pelos distritos de South Satara e Belgaum a leste e por Belgaum e Ratnagiri a sul. A travessia dos Sahyadris na região ocidental eleva a altura desta parte em locais até 3.000' acima do nível do mar. A altitude da parte oriental, que é bastante plana, varia entre 1 900 e 2 000 pés acima do nível do mar.

3.3. Fontes dos dados

O estudo baseia-se em dados de séries cronológicas obtidos a partir de várias fontes, *nomeadamente* literatura estatística publicada e contactos com funcionários da Zilla Parishad, da Cooperativa e do Serviço Distrital de Estatística do distrito de Kolhapur, www. agricoop.nic.in, livro de recenseamento distrital, relatório sobre as estações e as colheitas publicado pelo Departamento de Agricultura de Maharashtra, Epitome of Agriculture, Ministério da Agricultura do Governo da Índia, relatório do Banco Principal da Índia, plano anual de crédito (distrito de Kolhapur), www.kolhapur.nic in. Os dados sobre a utilização das terras e o padrão de cultivo para os trinta e dois anos seleccionados, a superfície, a produção e a produtividade das culturas seleccionadas, abrangendo o período de 1980-81 a 2011-12, no que respeita ao distrito de Kolhapur, foram obtidos consultando os relatórios sobre as estações e as culturas publicados pela Direção da Agricultura do Estado de Maharashtra. Alguns outros relatórios, *nomeadamente o* Statistical Abstract of Maharashtra Socio-Economic Review e o District Statistical Abstract of Kolhapur, foram também analisados para obter informações relevantes.

Esta informação foi útil para estudar o uso da terra e o padrão de cultivo, bem como para estimar as taxas de crescimento da área, produção e produtividade das culturas seleccionadas para o período em estudo no distrito de Kolhapur. A informação sobre o desembolso de crédito através de cooperativas, a distribuição de fertilizantes, as sementes melhoradas, a precipitação média anual, a produção agrícola, etc., no distrito de Kolhapur durante o período de 1980-81 a 2011-12 foi obtida contactando os bancos cooperativos, a União Distrital de Vendas e Compras Cooperativas, a Zilla Parishad e o Gabinete Distrital de Estatística, Kolhapur. Esta informação foi útil para identificar as variáveis importantes que influenciam a produção agrícola no distrito de Kolhapur.

3.4 Método de análise

O método de análise adotado no presente inquérito é explicado a seguir, tendo em conta os objectivos do estudo.

3.4.1 Mudanças estruturais no uso da terra, padrão de cultivo e uso de insumos

Os dados obtidos sobre a utilização das terras e o padrão de cultivo do distrito de Kolhapur para os trinta e dois anos, divididos em três períodos: 1980-81 a 1994-95, 1995-1996 a 2011-12, e também para todo o período de 1980-81 a 2011-12, foram analisados através de um método tabular simples. As proporções foram estimadas para cada um dos anos acima referidos, a fim de conhecer as mudanças na utilização da terra, no padrão de cultivo e na utilização de factores de produção do distrito durante o período em estudo.

3.4.2 Taxas de crescimento da área, da produção e da produtividade das principais culturas

Os dados obtidos sobre a área, a produção e a produtividade das principais culturas, nomeadamente arroz, kharif jowar, rabi jowar, trigo, grama, tur, amendoim, algodão, bajra, grama vermelha, grama verde, grama preta, frutas e legumes, sésamo, soja e cana-de-açúcar, no período de 1980-81 a 2011-2012, no distrito de Kolhapur, foram utilizados para calcular as taxas de crescimento composto. Os dados foram analisados para obter taxas de crescimento compostas na área, produção e produtividade das culturas acima referidas para três períodos diferentes, nomeadamente, Período I 1980-81 a 1994-95, Período II 1995-96 a 2011-12 e Período III 1980-81 a 2011-12, o que se tornou útil para estudar as alterações no desempenho das culturas seleccionadas durante os períodos acima referidos no distrito de Kolhapur.

Taxas de crescimento compostas

As taxas de crescimento compostas foram calculadas através da adaptação de uma função exponencial do tipo seguinte aos dados relativos aos três períodos acima referidos

$$Y= ab^t$$

Ou

$$\log Y = \log a + t \log b$$

Onde,

Y= Área em hectares, produção em quintais e rendimento em quintais por hectare,

a = Interceção,

b = coeficiente de regressão,

t = período de tempo em anos.

Por último, a taxa anual de crescimento composto da superfície, da produção e da produtividade das culturas foi calculada utilizando a fórmula.

$$r = (\text{Antilog } b\text{-}1) \times 100$$

A significância das taxas de crescimento compostas estimadas foi testada com a ajuda do teste t de Student.

3.4.3 Factores responsáveis pelo desenvolvimento agrícola

As informações relativas à produção agrícola total, à percentagem da superfície bruta irrigada em relação à superfície bruta semeada, ao consumo de fertilizante total (NPK) por hectare de superfície bruta irrigada, à percentagem da superfície bruta semeada em relação à superfície líquida semeada, à percentagem da superfície de sementes de variedades de elevado rendimento em relação à superfície bruta semeada, percentagem da área cultivada com culturas comerciais em relação à área bruta semeada, montante do empréstimo (a curto e médio prazo) desembolsado através do KDCCB por ano em milhares de rupias e precipitação média anual, área cultivada com frutos e número de animais leiteiros no distrito durante o período de estudo, ou seja, de 1980-81 a 2011-12e. 1980-81 a 2011-12 foi utilizada para ajustar uma equação de regressão linear múltipla do tipo seguinte. Isto foi feito para identificar as variáveis importantes e o seu papel na influência da produção agrícola no distrito.

$$Y = a + b_1x_1 + b_2x_2 + b_3x_3 + b_4x_4 + b_5x_5 + b_ex_6 + b_7x_7 + b_8x_8 + b_9x_9 + u^t$$

Onde,

Y = Valor total da produção agrícola do distrito de Kolhapur em milhões de
rupias.

a = interceção

b_i's = Coeficiente de regressão

x_1 = Percentagem da superfície bruta irrigada em relação à superfície bruta semeada.

X_2 = Consumo de fertilizante total (NPK) por hectare de área bruta irrigada em quilograma.

x_3 = Percentagem da superfície bruta semeada em relação à superfície líquida semeada.

x_4 = Percentagem da superfície de sementes HYV em relação à superfície bruta semeada.

x_5 = Percentagem da superfície de culturas comerciais em relação à superfície bruta

area semeada.

x_6 = Montante do empréstimo (curto e médio prazo)
desembolsados através do Banco Cooperativo do Estado por ano, em *milhares de* rupias.

x_7 = Precipitação média anual em Kolhapur.

x_8 = Superfície de culturas frutícolas (ha)

x_9 = Número de animais leiteiros.

u^f = termo de erro.

Variável dependente

Produção agrícola total no distrito de Kolhapur (Y).

A produção agrícola total obtida no distrito de Kolhapur durante o período de 1980-81 a 2011-12 foi obtida e convertida em forma monetária através da multiplicação da produção física de cada uma das culturas pelos respectivos preços de colheita para um ano específico. O valor agregado da produção agrícola total para um ano específico foi então calculado adicionando os valores da produção física de várias culturas. Os valores efectivos da produção total agregada são apresentados no apêndice.

Variáveis independentes

1. Percentagem da superfície bruta irrigada em relação à superfície bruta semeada (x_1)

A percentagem da área bruta irrigada em relação à área bruta semeada foi calculada para cada um dos anos em estudo e assim a variável foi construída. Esperava-se que o aumento desta percentagem de área bruta irrigada em relação à área bruta semeada aumentasse a produção agrícola do distrito.

2. Consumo de fertilizante total (NPK) por hectare de área bruta irrigada em quilograma (x_2). Esta variável foi construída com o objetivo de conhecer os efeitos da utilização de fertilizantes na produção agregada das culturas.

3. Percentagem da área bruta semeada em relação à área líquida semeada (x_3). Esperava-se que o aumento da percentagem da área bruta semeada em relação à área líquida semeada tivesse um efeito positivo na produção agrícola do distrito e, portanto, esta variável foi considerada.

4. Percentagem da superfície cultivada com sementes HYV em relação à superfície bruta semeada (x_4)

Esta variável foi desenvolvida com o objetivo de avaliar os efeitos das sementes HYV na produção agrícola agregada do distrito.

5. Percentagem da área cultivada com culturas comerciais em relação à área bruta semeada (x_5) Para a presente análise, foram consideradas três culturas principais: cana-de-açúcar, algodão e soja.

6. Montante do empréstimo (curto e médio prazo) desembolsado através do KDCCB no distrito de Kolhapur em milhares de rupias (x_6).

7. Precipitação média anual em mm no distrito (x_7). Os dados disponíveis sobre a precipitação média anual no distrito foram utilizados para desenvolver esta variável. O objetivo era examinar o efeito da precipitação média anual na produção agrícola agregada no distrito.

8. Superfície cultivada com culturas frutícolas (x_8)

9. Número de animais leiteiros (x_9)

Foi adotado o procedimento estatístico habitual para testar a significância das estimativas dos parâmetros. Os coeficientes nas regressões múltiplas foram testados da seguinte forma,

$$t = \frac{bi}{SE\ (bi)}$$

bi -▶ Estimativa do coeficiente de regressão para i^{th} carácter em consideração

SE (bi) Erro padrão do coeficiente de regressão para o carácter I

Método estatístico de Snedecor e Cochra.

4. CARACTERÍSTICAS PRINCIPAIS DO DISTRITO DE KOLHAPUR

4.1 Geral

O objetivo deste capítulo é explicar brevemente a informação de base do distrito de Kolhapur. Isto ajuda a compreender as características mais salientes do distrito, bem como os resultados obtidos com o estudo. É evidente que o domínio da agricultura não depende totalmente de processos criados pelo homem, mas depende das condições edafoclimáticas da região, como o tipo de solo, a pluviosidade, a temperatura, etc. Um agricultor tem sempre de gerir a sua atividade agrícola tendo em conta todos estes factores para que esta seja eficaz e frutuosa. Para além destes factores, os factores económicos, como as facilidades de comercialização, as facilidades bancárias, as facilidades de transporte e de comunicação, a educação, os projectos de irrigação, a eletricidade e a disponibilidade de crédito suficiente e atempado a preços mais baixos, também determinam a cultura a produzir e afectam a economia do agricultor. Isto é particularmente verdade no caso dos produtos perecíveis, que enfrentam problemas de transporte, e das culturas de rendimento, que lutam pela disponibilidade de créditos e por facilidades de transporte rápidas. Tendo em conta todos estes aspectos, descrevem-se em seguida as informações gerais sobre o sector em estudo.

4.2 Localização

O distrito de Kolhapur situa-se no extremo sul do Estado de Maharashtra. Situa-se entre 150 43' de latitude norte e 170 17' de latitude norte e 730 40' de longitude leste e 740 42' de longitude leste. Está rodeado pelo distrito de Sangli a norte, pelo distrito de Belgaum do estado de Karnataka a leste e a sul e pelos distritos de Ratnagiri e Sindhudurg a oeste.

4.3 Topografia

4.3.1 Solo

Os solos do distrito de Kolhapur podem ser divididos em três grandes regiões geográficas. A região ocidental é constituída por uma região montanhosa com solos vermelhos que abrange as zonas dos tahsils de Shahuwadi, Radhanagari, Gagan Bawada, Bhudargad, Ajra e Chandgad. A região intermédia é a zona de solos férteis que inclui os tahsil de Karveer e Kagal e a região oriental é constituída por solos médios que incluem os tahsil de Hatkalangle e Shirol. A área ao longo de Bhogawati, Kumbhi, Kasari,

Panchaganga, Hiranyakeshi, Vedgana é fértil com solos aluviais.

4.3.2 Rios

Esta é uma das mais importantes fontes de irrigação no distrito de Kolhapur. Os principais rios do distrito de Kolhapur são o Krishna, o Warna, o Panchaganga, o Dadhaganga, o Vedaganga, o Hiranyakeshi e o Ghatprabha. O Krishna corre ao longo da fronteira nordeste. Warna, Panchaganga, Dadhaganga, Vedaganga e Hiranyakeshi enriquecem os solos de noroeste a sudoeste. Warna estende-se ao longo das fronteiras do distrito de Kolhapur e do distrito de Sangli, cobrindo uma distância de 120 km. Kasari, Kumbhi, Talashi e Bhogawati unem-se em Panchaganga. O Dudhaganga é o principal rio a oeste e o vedganga é o subsidente. O Panchganga e o Dudhganga encontram-se com o Krishna em Narsobawadi e nos arredores do distrito de Kolhapur, respetivamente. Um rio a sul, Tilari, é o único rio que corre para oeste.

4.3.3 Cenário físico

O interior do distrito tem uma cultura económica variada. As cadeias montanhosas de Sayhadri abriram as suas asas principalmente na região ocidental do distrito, o que converteu parte do distrito num solo e ecologia de tipo Konkan e parte num tipo Deccan. Embora a maior parte do distrito se situe entre 390 e 600 metros acima do nível médio do mar. Alguns dos pontos estão a 900 metros acima do nível médio do mar.

4.3.4 Clima e pluviosidade

O clima de Kolhapur é uma mistura de clima costeiro e interior de Maharashtra. A temperatura tem uma amplitude relativamente estreita, entre 10°C e 35°C. O verão em Kolhapur é comparativamente mais fresco, mas muito mais húmido, em comparação com as cidades vizinhas do interior. As temperaturas máximas raramente ultrapassam os 38°C e variam normalmente entre 33 e 35°C. As mínimas durante esta estação rondam os 24°C a 26°C.

A cidade recebe chuvas abundantes de junho a setembro devido à sua proximidade com os Ghats Ocidentais. A precipitação média total e o número total de dias de chuva no distrito é de 1247,50 (mm) e 90, respetivamente. A humidade é baixa nesta estação, o que torna o tempo muito mais agradável.

4.5 Área e demografia

O distrito tem uma área de 7765 quilómetros quadrados, o que corresponde a 2,5 por cento da área total do estado. De acordo com o censo de 2011, a população do distrito é de 3876001, dos quais 1980658 são homens e 1895343 são mulheres. A densidade populacional é de 500 pessoas por quilómetro quadrado. A proporção entre os sexos é de 957 mulheres por 1000 homens. Do total da população, 2645992, ou seja, 68,26% da população encontra-se na zona rural, contra 1230009, ou seja, 31,74% da zona urbana. A taxa de alfabetização do distrito é de 82,90 por cento. De acordo com o censo de 2011, há 74,18 mulheres alfabetizadas por cada 100 homens. (Homens -91,33 por cento).

A percentagem de alfabetização rural é de 78,35. Destes, 89% são homens e 72% são mulheres. Kolhapur ocupa o décimo quarto lugar no estado.

4.6 Agricultura

A utilização das terras e o padrão das culturas no distrito de Kolhapur para o ano de 2011-12 são explicados abaixo para se ter uma breve ideia do modo de agricultura no distrito.

4.6.1 Utilização do solo

A área geográfica total do distrito é de 7,765 *lakh* hectares. O padrão de utilização dos solos do distrito de Kolhapur no ano de 2011-12 é apresentado no Quadro 4.1

A superfície florestal era de 1,469 *lakh* hectares e representava 18,11% da superfície geográfica total. A superfície utilizada para fins não agrícolas estava a aumentar. A superfície ocupada por resíduos cultiváveis, outros pousios e pousios actuais era de 0,369, 0,208 e 0,107 *lakh* hectares, respetivamente, durante o ano de 2011-12. A superfície semeada líquida para o ano de 2011-12 foi de 4,306 *lakh* hectares, o que representou 55,45 por cento da superfície geográfica total.

A superfície semeada mais de uma vez foi de 2 344 hectares, o que representa 30,19% da superfície geográfica total. A superfície bruta cultivada foi de 6 650 *lakh* hectares, com uma intensidade de cultivo de 154,43%.

Quadro 4.1: Padrão de utilização dos solos do distrito de Kolhapur

(Área "00" ha)

Sr. No.	Particulars	Area	Percentage to the total area
1	Total geographical area	7765	100
2	Area under forest	1407	18.11
3	Barren and uncultivable land	438	05.64
4	Land put to non-agricultural use	382	04.92
5	Permanent pasture and grazing land	414	05.33
6	Area under orchards and miscellaneous trees	72	00.92
7	Cultivable waste	369	04.76
8	Other fallow land	208	02.68
9	Current fallow	107	01.38
10	Net sown area	4306	55.45
11	Area sown more than once	2344	30.19
12	Gross cropped area	6650	85.64
13	Cropping Intencity (%)		154.43

Fonte: Relatório sobre as estações e as colheitas publicado pelo Departamento de Agricultura do Estado de Maharashtra.

4.6.2 Recursos de irrigação

Entre todos os factores de produção, a irrigação é um fator

importante. Graças à irrigação, é possível aumentar a área e a produção. No distrito de Kolhapur, os agricultores estão alertados para a importância da irrigação. O Panchaganga, o Krishna e o Warna são os principais rios desta região. Nos últimos anos, estão a surgir muitos projectos de irrigação, como o Tulsi, o projeto de irrigação Kalammawadi, o projeto de irrigação Warna e o projeto de irrigação hidroelétrica. Os pormenores relativos às fontes de irrigação e à área irrigada no distrito de Kolhapur são apresentados no Quadro 4.2.

Tabela 4.2: - Área irrigada por várias fontes no distrito de Kolhapur

(Área "00" ha)

Sr. No.	Particulars	Area 2011-12
1	Surface irrigation other than wells	806 (63.00)
2	Well irrigation	473 (37.00)
3	Net area irrigated	1279 (100.00)

(Figures in the parentheses indicate percentages to the net irrigated area)

Fonte: Relatórios sobre as estações e as colheitas publicados pelo Departamento de Agricultura do Estado de Maharashtra.

Pode ver-se no Quadro 4.2 que o valor líquido de

A área irrigada do distrito de Kolhapur é de cerca de 1,279 *lakh* hectares, o que representa 19,24% da área cultivada bruta. Da área líquida irrigada, 37,00 por cento da área foi irrigada por poços e 63,00 por cento da área foi irrigada por irrigação de superfície, para além dos poços, ou seja, elevador e canal.

4.6.3 Padrão de cultivo

Ao estudar o padrão de cultivo do distrito de Kolhapur, verifica-se que a área cultivada bruta do distrito foi de 6,650 *lakh* hectares no ano de 2011-12. A proporção da área ocupada por cereais foi de 26,85 por cento, enquanto a das leguminosas foi de apenas 3,27 por cento. Assim, as culturas de cereais alimentares predominam no padrão de cultivo do distrito de Kolhapur, uma vez que só estas culturas representam 30,13% da área total cultivada. O total das culturas oleaginosas contribui com cerca de 16,90% da superfície, dos quais 8,76% são ocupados pelo amendoim. A área cultivada com frutas e legumes foi de 0,153 *lakh* hectares. A área cultivada com cana-de-açúcar foi de 1,399 *lakh* hectares.

Tabela 4.3: Padrão de cultivo do distrito de Kolhapur

(Área "00" ha)

Sr. No.	Crops	Area	Percentage to the gross cropped area
1	Rice	1115	16.76
2	Wheat	86	1.29
3	Kh. Jowar	80	1.20
4	R. jowar	140	2.10
5	Bajra	24	0.36
	Total cereals	1786	26.85
6	Gram	85	1.27
7	Redgram	24	0.27
8	Green gram	30	0.45
9	Black gram	25	0.37
	Total pulses	218	3.27
	Total foodgrains	2004	30.13
10	Sugarcane	1399	21.03
11	Fruits and vegetable	153	2.30
12	Cotton	2	0.03
13	Groundnut	583	8.76
14	Soybean	485	7.29
	Other	56	0.84
	Total oilseeds	1124	16.90
15	Other crops	1970	27.62
	Gross Cropped Areas	6650	100

(Os números entre parênteses indicam as percentagens da superfície cultivada bruta)
Fonte: Relatórios sobre as estações e as culturas publicados pelo Departamento de Agricultura do Estado de Maharashtra.

4.6.4 Criação de animais

O principal objetivo do gado no distrito é a tração e a ordenha. Os trabalhadores agrícolas migratórios sazonais necessitam de novilhos indígenas para transportar a cana-de-açúcar do campo para a fábrica. De acordo com o recenseamento do efetivo pecuário de 2007, o total de animais no distrito de Kolhapur era de 1215010, dos quais 253347 vacas e novilhos, 646217 búfalos, 357127 ovelhas e cabras e 868319 aves de capoeira. Do total de animais, as vacas e os novilhos representavam 11,92%, os búfalos 30,41%, os ovinos e os caprinos 16,80% e os outros animais 3%. As cooperativas de leite aumentaram mais de duas vezes em apenas 7 a 8 anos. No final de 2011-12, a produção diária de leite era de 310543 mil litros e existiam oito centros de refrigeração no distrito.

Quadro 4.4 Pecuária no distrito de Kolhapur de acordo com o Censo de 2007

Sr. No.	Particulars	Numbers
1	Cow	253347
2	Buffalo	646217
3	Goat	191459
4	Sheep	165668
5	Total	1215010
6	Poultry	868319

Fonte :- Relatórios de estação e de colheita publicados pelo Ministério da Agricultura, MS.

4.6.5 Máquinas agrícolas

Parece que os agricultores do distrito estão entusiasmados com a utilização de máquinas e alfaias modernas. O número de motores a óleo e bombas eléctricas para irrigação era de 8062 e 23498, respetivamente. Mas o número de tractores aumentou de 2184 tractores em 1980-81 para 5932 tractores em 2011. Existem 67625 charruas, incluindo 45007 charruas de madeira e 22618 charruas de ferro.

Quadro 4.5 Alterações na utilização de alfaias e maquinaria no distrito de Kolhapur

Sr. No.	Items	Number
1	Wooden plough	45007
2	Iron plough	22618
3	Sugarcane crushers	1264
4	Oil engines	8062
5	Electric motor	23498
6	Tractor	5932

Fonte :- Relatórios de estação e de colheita publicados pelo Ministério da Agricultura, MS.

4.7 Agro-indústrias

O número de indústrias registadas é de 19523, das quais apenas 1799 estão em condições de funcionamento. Existem 17 fábricas de açúcar cooperativas no distrito de Kolhapur e a produção de açúcar é de cerca de 135,50 *Lakh* MT. Existem vários lagares de azeite no distrito. Existem também 44 fábricas de algodão, Khadi Udhyog, etc., atualmente no distrito.

4.8 Infra-estruturas

Tendo em conta os recursos naturais e a sua exploração, a irrigação, os fertilizantes, as alfaias modernas, outros factores de produção como as sementes, etc., foram estudados durante o período em análise. O desempenho das culturas individuais em termos de área, produção e produtividade foi de tipo misto.

4.8.1 Administração Distrital

Para efeitos administrativos, o distrito de Kolhapur está dividido em doze talukas e quatro subdivisões conhecidas como presentes; essas subdivisões são: a) Gadhinglaj - Abrange Ajara, Chandgad, Shahuwadi e Kagal tahasils. b) Karveer - Abrange Karveer, Panhala e Shahuwadi e Kagal tahasil.

c) Ichalkaranji - Abrange os tahasil de Hatkanangale e Shirol. d)
Radhanagari - Abrange os tahsils de Bhudargad, Radhanagari e
Gaganbavada.

4.8.2 Banca

A banca é a linha de sangue do desenvolvimento económico. Existem
418 agências bancárias, das quais o Kolhapur District Central Co-operative
Bank Ltd. (KDCC) possui 182 sucursais, 17 bancos nacionalizados de um
total de 20 e 3 do grupo SBI estão presentes em 148 locais em todo o distrito
sob a direção do Banco da Índia. Foi assegurado ao distrito um apoio de
crédito total para todas as actividades bancárias. As aldeias do distrito foram
divididas em 168 áreas de serviço e atribuídas a 220 agências de bancos
comerciais

4.8.3 Transportes e comunicações.

No distrito de Kolhapur, os autocarros e os caminhos-de-ferro são
os principais meios de transporte. Os autocarros dos transportes públicos,
os autocarros da corporação, os camiões, os tempos, os jipes privados e os
automóveis são os principais meios de transporte.

Comprimento total da estrada 9.299 kms (2011-12) e comprimento
da via férrea de 35,67 (2011-12). A autoestrada Kolhapur-Bangalore (NH-4)
passa por este distrito.

Em quase todas as aldeias existem estações de correio (560) e
instalações telefónicas, ou seja, linhas fixas 1,50,269. Os meios de
comunicação rádio, televisão e Internet também estão a espalhar-se no
distrito.

(Fonte: Análise socioeconómica e resumo estatístico do distrito de
Kolhapur-2011)

4.8.4 Educação e saúde

A percentagem de alfabetização do distrito é de 82,90. No ano 2011-12 havia 2597 escolas primárias, 892 escolas secundárias, 237 organizações de ensino secundário superior. Existem 54 colégios. Em termos de literacia, Kolhapur ocupa o décimo quarto lugar no estado.

As instalações médicas no distrito estão a expandir-se de dia para dia. No final do ano 2011-2012, havia 29 hospitais, dispensários, 83 maternidades e 72 Centros de Saúde Pública. A taxa de mortalidade foi de 9 por mil em 2011. Para restringir a população, existem atualmente 140 centros de planeamento familiar e foram realizadas 54357 operações de planeamento familiar.

4.9 Projectos de irrigação

No final do ano de 2011, a superfície líquida irrigada era de 128 000 hectares. Trata-se de 19,24% da área total cultivada. No final de 2011-2012, existiam no distrito grandes projectos de irrigação, *nomeadamente* Radhanagri, Tulsi, Doodhganga, Warna, 10 projectos médios e 54 pequenos projectos de irrigação.

4.10 Eletricidade:

Até 2011-12, a eletricidade foi fornecida apenas a 1216 aldeias. A utilização total de eletricidade no ano de 2011 foi de 2978115 (000kw/hr). Do total de eletricidade consumida, a utilização doméstica foi de 1%, a utilização industrial foi de 381710 (000kw/hr), a utilização comercial de 130409 (000kw/hr) e outras utilizações de 98080 (000kw/hr). O fornecimento de eletricidade é fornecido a 366975 (000kw/hr) bombas agrícolas.

4.11 Programas de desenvolvimento rural

Até à data, foram aplicados muitos planos para melhorar a linha BPL e são envidados esforços contínuos para garantir o bem-estar da população rural. O regime de garantia de emprego proporciona emprego remunerado e produtivo em obras aprovadas a todas as pessoas desempregadas nas zonas rurais. O tipo de trabalho no âmbito deste regime é o *seguinte:* pequenos tanques de irrigação, tanques de percolação, contornos, nala bunding, etc., que visam o desenvolvimento agrícola. No final de 2011-2012, este regime deu emprego a 6,63 *lakh* homens-dias (o dinheiro gasto ao abrigo deste plano é de 351,28 *lakh).* Os outros regimes, como o Drought Prone Area Programme, o Training to Rural Youth for Self Employment Programme (TRYSEM), o Development of Women and Children in Rural Area (DWCRA) e o Indira Awas Yojna, beneficiam os beneficiários. No final de 2011-2012, no âmbito do Swaranjayanti Gram Swarojgar Yojna (SGSY), foram beneficiadas 1725 famílias.

5. RESULTADOS E DISCUSSÃO

O processo de desenvolvimento é um processo contínuo. Foi impulsionado após a adoção de uma nova estratégia de desenvolvimento agrícola, ou seja, a revolução verde em 1966, e ocorreram mudanças estruturais na utilização das terras e no padrão de cultivo das explorações agrícolas. O primeiro grande efeito direto da revolução verde é o aumento da produção agrícola. A adoção de novas tecnologias modernas provocou uma mudança da agricultura tradicional para a agricultura moderna, da agricultura de subsistência para a agricultura comercial, do cultivo extensivo para o cultivo intensivo e das empresas de baixo rendimento para as empresas de elevado rendimento. A adoção de novas tecnologias modernas provocou uma mudança da agricultura tradicional para a agricultura moderna, da agricultura de subsistência para a agricultura comercial, do cultivo extensivo para o cultivo intensivo e de empresas de baixo rendimento para empresas de elevado rendimento.

O estudo centra-se principalmente nas alterações da área, da produção e da produtividade das principais culturas no distrito de Kolhapur, a fim de descobrir a evolução da agricultura ao longo do tempo. O presente capítulo foi, por conseguinte, organizado para explicar os factos processados relativamente às mudanças estruturais no uso da terra e no padrão de cultivo como resultado do desenvolvimento agrícola durante o período de 1980-81 a 2011-12 no distrito de Kolhapur. Os dados sobre os aspectos acima referidos recolhidos para os anos decenais de 1980-81 a 2011-12 no distrito de Kolhapur foram analisados e os resultados assim obtidos são explicados a seguir.

5.1 Mudanças no padrão de uso da terra

O quadro 5.1 mostra que a área geográfica total era de 7,859 *lakh* hectares em 1980-81 e diminuiu para 7,765 *lakh* hectares em 2011-12. A área geográfica total diminuiu durante os anos de 1995-96 e 2011-12. Esta variação na área geográfica total do distrito de Kolhapur diminuiu devido à transferência de aldeias para o distrito de Kolhapur durante a formação de novos tahsil para fins administrativos.

A área florestal era de 1,469 *lakh* hectares, ou seja, 18,69 por cento da área geográfica total em 1980-81, que diminuiu para 1,407 *lakh* hectares em 2011-12, ou seja, 4,22 por cento em relação ao ano de referência. A diminuição da área florestal pode dever-se a problemas como a industrialização e a população, mas não é uma mudança desejável para manter o equilíbrio ecológico no distrito de Kolhapur.

A percentagem de terras estéreis e não cultiváveis diminuiu de 5,34% para 5,15% da área geográfica total. As terras utilizadas para fins não agrícolas aumentaram de 0,317 *lakh* hectares para 0,382 *lakh* hectares durante o período de 1980-81 a 2011-12. São utilizadas para edifícios, indústrias e outros fins não agrícolas. A área cultivável de terrenos baldios registou um declínio, sendo de 0,657 *hectares* em 1980-81 e diminuindo para 0,369 hectares, ou seja, 4,75% da área geográfica total em 2011-12. É necessário reduzir ao mínimo os terrenos baldios cultiváveis. A superfície ocupada por pastagens permanentes e por árvores diversas aumentou ao longo do tempo. As pastagens permanentes aumentaram de 0,415 *lakh* hectare para 0,418 *lakh* hectare.

Tabela 5.1 Mudanças no padrão de uso da terra no distrito de Kolhapur

(Área em '00'ha)

Sr. No.	Particulars	1980-81	1995-96	2011-12	Change in land use pattern over base year	
					1995-96	2011-12
1	Geographical area	7859	7765	7765	-1.19	-1.19
2	Forest	1469 (18.69)	1466 (18.31)	1407 (18.11)	-0.20	-4.22
3	Barren and uncultivable Land	422 (5.34)	403 (5.00)	400 (5.15)	-4.50	-5.21
4	Land under non agril. Use	317 (4.03)	328 (3.27)	382 (4.91)	3.47	20.50
5	Cultivable Waste	657 (8.35)	367 (4.84)	369 (4.75)	-25.57	-43.83
6	Permanent Pastures	415 (5.28)	305 (3.47)	418 (5.33)	-26.50	0.72
7	Land under Miscellaneous trees	43 (0.53)	47 (0.61)	72 (0.92)	9.30	67.44
8	Current fallow	241 (3.06)	107 (1.39)	107 (1.37)	-55.60	-55.60
9	Other fallow	364 (4.63)	162 (2.11)	208 (2.67)	-55.49	-42.85
10	Net sown area	4254 (54.12)	4628 (60.22)	4306 (55.45)	8.79	1.22
11	Irrigated area	712 (9.05)	1125 (14.63)	1279 (16.48)	58.00	79.77
12	Area sown more than Once	202 (2.57)	734 (9.55)	2344 (30.18)	263.36	1060.39
13	Gross cropped area	4456 (56.69)	5362 (69.77)	6650 (85.64)	20.33	49.23
14	Cropping intensity (per cent)	104.69	115.85	154.43	10.66	47.51

(Os números entre parênteses indicam a percentagem da área geográfica) Fonte: Relatórios sobre as estações e as colheitas publicados pelo Departamento da Agricultura do Estado de Maharashtra.

As terras ocupadas por árvores diversas registaram uma tendência de aumento contínuo ao longo do tempo. A proporção de pastagens permanentes em relação à área geográfica total aumentou em 2011-12 e registou uma tendência decrescente em 1995-96 em relação ao ano de base

1980-81.

O pousio atual mostrou uma tendência decrescente em comparação com o ano de base 1980-81, era de 0,241 *lakh* hectare em 1980-81 e em 2011-12 diminuiu para 0,107 *lakh* hectares.

A superfície de outros pousios diminuiu de 0,364 *lakh* hectares para 0,208 *lakh* hectares em 2011-12. A área de outros pousios variava entre 0,364 *lakh* hectares em 1980-81, tendo diminuído para 0,162 *lakh* hectares em 1995-96 e aumentado novamente para 0,208 *lakh* hectares em 2011-12, ou seja, 2,67% da área geográfica total, o que representa uma diminuição de 42,85% em relação ao ano de referência.

A área líquida semeada era de 4,254 *lakh* hectares, ou seja, 54,12% em 1980-81, tendo aumentado significativamente no segundo período e diminuído no terceiro. Em 199596, era de 4,628 *lakh hectares, ou seja,* 60,22% da área geográfica, tendo diminuído para 4,306 *lakh* hectares, ou seja, 55,45% da área geográfica total, em 2011-12.

A área irrigada está a aumentar consideravelmente durante todo o período de 1980-81 a 2011-2012, tendo aumentado 79,77% em relação ao ano de referência. Em 1980-81, a área irrigada era de 0,712 *lakh* hectares. Devido ao aumento das instalações de irrigação e à utilização de terrenos baldios cultiváveis para fins de cultivo, a proporção da área não irrigada em relação à área irrigada diminuiu. O quadro 5.1 mostra que a área semeada mais de uma vez aumentou de 0,202 *lakh* hectares em 1980-81 para 0,734 *lakh* hectares em 1995-96. Em 2011-12, registou-se um enorme aumento para 2,344 *lakh* hectares.

A área cultivada bruta aumentou de 56,69% para 85,64% no período de estudo, tendo aumentado em 199596, ou seja, 5,362 *lakh* hectares, ou seja, 69,77%, e em 2011-12 aumentou para 6,650 *lakh* hectares, ou seja, 85,61% da área geográfica total. O aumento foi significativo e constitui uma boa indicação do desenvolvimento agrícola.

A intensidade de cultivo, que é uma medida da eficiência do uso da terra, registou muitas alterações entre 1980-81 e 2011-12. O intervalo da intensidade de cultivo foi de 104,69 a 154,43 por cento. Aumentou em 1995-96 e em 2011-12. Foi de 115,85 e 154,43 por cento, respetivamente.

Em suma, pode dizer-se que a superfície florestal, as terras estéreis e incultas, os resíduos cultiváveis, o pousio atual e os outros pousios registaram uma diminuição. Por outro lado, as terras ocupadas por actividades não agrícolas, as pastagens permanentes, as terras ocupadas por árvores diversas, a superfície semeada líquida, a superfície irrigada e a superfície cultivada bruta registaram uma tendência para aumentar.

5.2 Expansão da área irrigada

As alterações na área irrigada líquida e na área irrigada bruta no distrito de Kolhapur durante 1980-81 a 2011-12 são apresentadas no Quadro 5.2.

Quadro 5.2 Alterações na área irrigada no distrito de Kolhapur

(Area in '00'ha)

Sr. No.	Particulars	1980-81	1995-96	2011-12
1	Net sown area	4254	4467	4306
2	Net irrigated area	625	1154	1279
3	Percentage of net irrigated to net sown area	14.69	25.83	29.72
4	Area sown more than once	202	728	2344
5	Gross irrigated area	712	1219	1350
6	Percentage of gross irrigated area to gross cropped area	15.98	22.73	20.30

Fonte: Relatório sobre as estações e as colheitas publicado pelo Ministério da Agricultura do Estado de Maharashtra.

O quadro 5.2 mostra que a área irrigada líquida aumentou de 0,625 *lakh* hectares em 1980-81 para 1,280 *lakh* hectares em 2011-2012. A proporção da área irrigada líquida em relação à área semeada líquida aumentou de 14,69 para 29,72 por cento durante o período de estudo de 1980-81 a 2011-2012. A superfície bruta irrigada também registou uma tendência semelhante. Isto significa que a área irrigada aumentou significativamente no padrão de utilização das terras do distrito de Kolhapur durante o período em estudo.

Resultados semelhantes foram obtidos por Maheshwari (1996), Anonymous (1998) e Rahane e Kasar (1999).

5.3. Fontes de irrigação

Existem diferentes fontes de irrigação no distrito, nomeadamente, canal, rio, elevador e poço. Mas a maior fonte de irrigação é a irrigação por poço, que está representada na Tabela 5.3

Quadro 5.3 Alteração da área irrigada por várias fontes no distrito de Kolhapur

(Area in '00' ha)

Sr. No.	Particulars	1980-81	1995-96	2011-12
1	Surface irrigation other than wells	440 (70.4)	779 (67.50)	806 (63.00)
2	Well irrigation	185 (29.16)	375 (32.49)	473 (37.00)
3	Total	625 (100)	1154 (100)	1279 (100)

Fonte: Relatório sobre as estações e as colheitas publicado pelo Departamento da Agricultura do Estado de Maharashtra.

Pode observar-se no Quadro 5.3 que a irrigação de superfície, com exceção dos poços, era a principal fonte de irrigação, cobrindo 0,440 *lakh* hectares de terra, cerca de 70,4 por cento da área irrigada líquida no ano de 1980-81, e diminuiu de 70,4 por cento para 63 por cento durante o período de 1980-81 a 20112012. A área irrigada por poço aumentou significativamente de 29,16% para 37% durante o ano de 1980-81 a 2011-12. No final de 2011-12, a irrigação por poços representava 37% da área líquida irrigada e era atualmente a principal fonte de cobertura de 0,473 *lakh* hectares de área. Note-se que os elevadores de irrigação instalados nos rios e canais são uma importante fonte de irrigação, para além dos poços, no distrito de Kolhapur.

5.4 Alterações no padrão de cultivo de cereais alimentares e de culturas de cereais não alimentares

Os pormenores relativos às mudanças no padrão de cultivo do distrito de Kolhapur são apresentados no Quadro 5.4.

Pode ver-se no Quadro 5.4 que a área cultivada com arroz aumentou de 1,051 *lakh* hectares em 1980-81 para 1,115 *lakh* hectares em 2011-2012. Mas registou um aumento ao longo do tempo: em 1995-96, aumentou 1,074 *lakh* hectares, tendo aumentado igualmente 1,115 *lakh* em 2011-12. A superfície cultivada com trigo diminuiu de 0,118 *lakh* hectares em 1980-81 para 0,086 *lakh* hectares em 2011-12, ou seja, de 2,64% para 1,29% da superfície cultivada bruta. A superfície cultivada com kharif Jowar aumentou no segundo e terceiro períodos em comparação com o ano de referência. Do mesmo modo, a superfície cultivada com rabi Jowar registou flutuações. Foi de 0,009, 0,003 e 0,140 *lakh* hectares em 1980-81, 1995-96 e 2011-12, respetivamente. A área cultivada com Bajra apresentou uma tendência decrescente, exceto em 1995-96, em que aumentou em relação ao ano de referência. O total de cereais registou um declínio no segundo e terceiro períodos de estudo.

A área cultivada com grama era de 0,089 *lakh* hectares em 1980-81 e diminuiu para 0,086 *lakh* hectares em 2011-12, ou seja, de 1,99% para 1,27%, e a área cultivada com grama vermelha diminuiu em relação ao ano de referência porque a área de grama e grama vermelha foi transferida para culturas de rendimento.

A grama verde aumentou de 0,004 *lakh* hectares para 0,030 *lakh* hectares de 1980-81 a 2011-12, ou seja, de 0,08 por cento para 0,45 por cento.

Quadro 5.4 Mudanças no padrão de cultivo do distrito de Kolhapur

(superfície em "00" ha)

Sr. No.	Particulars	1980-81	1995-96	2011-12	Percent change in cropping pattern over base year 1980-81	
					1995-96	2011-12
1	Rice	1051 (23.58)	1074 (20.02)	1115 (16.76)	2.1	6.08
2	Wheat	118 (2.64)	94 (1.75)	86 (1.29)	-20.33	-27.11
3	Kharif-Jowar	34 (0.76)	96 (1.79)	80 (1.20)	182.35	135.29
4	Rabi- Jowar	9 (0.20)	3 (0.05)	14 (0.21)	-66.66	55.55
5	Bajra	26 (0.58)	58 (1.08)	24 (0.36)	123.07	-7.6
6	Other	907 (20.35)	512 (9.54)	465 (5.78)	-43.55	-48.73
	Total Cereals	2145 (48.13)	1837 (34.25)	1786 (26.85)	-14.35	-16.73
7	Gram	89 (1.99)	86 (1.60)	85 (1.27)	-3.37	-4.49
8	Red Gram	49 (1.09)	29 (0.54)	24 (0.36)	-40.8	-51.02
9	Green Gram	4.00 (0.08)	16 (0.29)	30 (0.45)	300	650
10	Black Gram	10 (0.22)	34 (0.63)	25 (0.37)	240	150
	Total Pulses	288 (6.46)	257 (4.79)	218 (3.28)	10.76	-24.30
	Total Foodgrains	2433 (54.60)	2094 (39.05)	2004 (30.13)	-13.93	-17.63
11	Sugarcane	500 (11.22)	900 (16.78)	1399 (21.03)	80	179.8
12	Fruits and Vegetables	29 (0.65)	81 (1.51)	153 (2.3)	179.3	427.58
13	Cotton	5	3	2	-40	-60
14	Groundnut	500 (11.22)	610 (11.37)	583 (8.76)	-22	16.6
15	Soybean	200 (4.48)	440 (8.20)	485 (7.29)	120	142.5
	Other	16 (0.35)	92 (1.71)	56 (0.84)	475	250
	Total Oilseeds	716 (11.57)	1142 (21.29)	1124 (16.90)	59.49	56.98
16	Other Crops	978 (21.94)	1145 (21.35)	1952 (29.53)	17.07	99.59
17	Gross Cropped Area.	4456	5362	6650	20.33	49.23

(Os números entre parênteses indicam a percentagem da superfície cultivada bruta) Fonte: Relatórios sobre as estações e as culturas publicados pelo Departamento da Agricultura do Estado de Maharashtra.

A superfície total de leguminosas diminuiu de 0,288 *lakh* hectares para 0,218 *lakh* hectares, ou seja, de 6,46% para 3,28%, entre 1980-81 e 2011-12. A superfície total de cereais alimentares também diminuiu de 2,433 *lakh* hectares para 2,004 *lakh* hactares entre 1980-81 e 2011-12.

A área cultivada com cana-de-açúcar registou um enorme aumento devido ao aumento do número de indústrias açucareiras e de unidades de fabrico de açúcar doce. Era de 0,500 *lakh* hectare em 1980-81 e aumentou para 1,399 *lakh* hectares em 2011-2012. A área cultivada com frutas e produtos hortícolas aumentou de 0,029 *lakh* hectares para 0,153 *lakh* hectares devido ao programa de plantação de pomares lançado pelo Governo de Maharashtra. A superfície cultivada com algodão registou uma diminuição.

Outra cultura entre as oleaginosas, o amendoim, registou flutuações na área. O total de sementes oleaginosas registou uma tendência crescente de 0,516 *lakh* hectares para 1,124 *lakh* hectares entre 1980-81 e 2011-12. O quadro mostra que a superfície das culturas comerciais está a aumentar, *nomeadamente a* cana-de-açúcar, exceto o algodão.

A área cultivada com soja aumentou 10,20 por cento em 201112 em relação ao ano de referência de 1995-96.

Em suma, pode dizer-se que a superfície total de cereais, de leguminosas secas e de grãos alimentares registou uma tendência decrescente. A superfície total das culturas oleaginosas registou uma tendência para aumentar durante todo o período de estudo. A área cultivada com frutas e produtos hortícolas, cana-de-açúcar, amendoim e soja também registou uma tendência crescente durante todo o período de estudo.

Resultados semelhantes foram obtidos por Johl e Sing (1966),

Naikawadi (1980) e Pawar *et. al.* (1991).

5.5 Alterações no consumo de N, P, K

O quadro 5.5 apresenta pormenores sobre as alterações no consumo total de fertilizantes no distrito de Kolhapur entre 1980-81 e 2011-2012.

Quadro 5.5 Consumo total de fertilizantes no distrito de Kolhapur

(toneladas métricas)

Year	N	P	K	Total
1980-81	25808	13913	10038	49759
1995-96	61965 (140.09)	21032 (51.16)	19934 (98.58)	102931 (106.85)
2011-12	190850 (639.49)	40241 (189.23)	39358 (292.09)	270449 (443.51)

(Os números entre parênteses indicam a variação percentual em relação ao ano de referência).

Fonte:- Relatório sobre as estações e as colheitas publicado pelo Departamento de Agricultura do Estado de Maharashtra.

O quadro 5.5 mostra que o consumo total de fertilizantes no distrito de Kolhapur foi de 49759 MT no ano de 198081, tendo aumentado para 270449 MT no ano de 2011-2012. O consumo de N, P e K por hectare mostrou uma tendência crescente durante todo o período em estudo, especialmente nas últimas três décadas. Observou-se também que, nas duas últimas décadas, o consumo de N e P aumentou em comparação com o de K. Isso deveu-se principalmente à sensibilização dos agricultores para a utilização de fertilizantes químicos para melhorar a produtividade das culturas e aos incentivos e subsídios governamentais aos fertilizantes fosfatados

Resultados semelhantes foram obtidos por fertilizer Association of India (1982) e Naikawadi (1980).

5.6 Evolução das produtividades das principais culturas

Na secção anterior, foi feita uma tentativa de estudar o desenvolvimento agrícola em termos de mudanças na utilização das terras e no padrão de cultivo durante os últimos 32 anos no distrito de Kolhapur.

Acredita-se que o processo de desenvolvimento agrícola tem efeitos pronunciados sobre a produtividade da agricultura e, como resultado, é alcançado um nível mais elevado de produção agrícola por unidade de recursos disponíveis. O quadro 5.6 indica as alterações da produtividade média das principais culturas no distrito de Kolhapur.

Observa-se no Quadro 5.6 que a produtividade de todos os cereais aumentou em relação ao ano de referência. A produtividade do arroz era de 1122 kg/ha no ano de 1980-81, tendo aumentado para 2880 kg/ha no ano de 2011-12. Entre os cereais, a produtividade do arroz registou um aumento máximo de 156,68% em relação ao ano de referência. No caso do trigo, a produtividade aumentou de 1584 kg/ha em 1980-81 para 2650 kg/ha em 2011-12.

A produtividade do kharif jowar e do rabi jowar aumentou 16,16 e 221,16%, respetivamente, em relação ao ano de referência. No caso da bajra, a produtividade média aumentou durante os últimos trinta e dois anos no distrito de Kolhapur. No caso da grama e da grama verde, a produtividade aumentou 62,69 e 152% em relação ao ano de referência. No entanto, o aumento máximo da produtividade da grama foi de 62,69% durante o período III e o da grama verde foi de 152% durante o período III. No caso da grama vermelha, a produtividade média diminuiu durante os últimos trinta e dois anos no distrito de Kolhapur. A produtividade do grão vermelho diminuiu 65,58% em relação ao ano de referência. No caso do total das leguminosas, a produtividade média aumentou de 579 kg/ha em 1980-81 para 631 kg/ha em 2011-12. No caso do total de grãos alimentares, a produtividade média aumentou de 2232 kg/ha em 1980-81 para 3363 kg/ha em 2011-12. A produtividade da cana-de-açúcar era de 81230 kg/ha no ano de 1980-81, tendo aumentado para 90 000 kg/ha no ano de 2011-12. A produtividade da soja aumentou 73 por cento no ano de 2011-12 em relação ao ano de referência de 1995-96.

Quadro 5.6 Evolução das produtividades das principais culturas

(Kg/ha)

Sr. No.	Particulars	1980-81	1995-96	2011-12	Percent change over base year 1980-81	
					1995-96	2011-12
1	Rice	1122	1145	2880	2.04	156.68
2	Wheat	1584	2074	2650	30.93	67.29
3	Kharif-Jowar	1627	1819	1890	11.80	16.16
4	Rabi-Jowar	411	229	1320	-44.28	221.16
5	Bajra	222	333	307	50	38.28
	Total cereal	1643	2064	2731	25.38	66.22
6	Gram	516	779	840	50.96	62.69
7	Redgram	959	517	330	-46.08	-65.58
8	Black Gram	500	500	840	0	68
9	Green Gram	250	500	630	100	152
	Total Pulses	579	571	631	-1.38	8.98
	Total Food grains	2222	2636	3363	18.63	50.67
10	Sugarcane	81230	82837	90000	1.97	10.79
11	Soybean	1000	1470	2544	47	154.4
12	Groundnut	1042	1629	1520	56.33	45.87
	Other	259	44	25	-83.01	-90.34
	Total oilseeds	2300	3143	4064	36.65	76.64

(Os números entre parênteses indicam a variação percentual da idade em relação ao ano de referência).
Fonte: Relatório sobre as estações e as colheitas publicado pelo Departamento de Agricultura do Estado de Maharashtra.

Verifica-se que a produtividade média do amendoim aumentou de 1042 kg/ha em 1980-81 para 1520 kg/ha em 20112012. No caso do total das sementes oleaginosas, a produtividade média aumentou de 2300 kg/ha em 1980-81 para 4064 kg/ha em 201112. Assim, o aumento da produtividade média das principais culturas no distrito de Kolhapur é um bom sinal do desenvolvimento agrícola do distrito.

5.7 Taxas de crescimento da superfície, da produção e da produtividade dos cereais e das leguminosas

As taxas de crescimento anual composto da área, da produção e da produtividade das culturas cerealíferas para o período de 198081 a 2011-12 são apresentadas no Quadro 5.7. As taxas de crescimento composto da área, da produção e da produtividade de todos os cereais, leguminosas, oleaginosas e cana-de-açúcar registaram grandes flutuações durante o período em análise. A produção e a produtividade de cereais como o milho, o kharif jowar e o trigo são positivas e altamente significativas durante todo o período de trinta e dois anos. A produção e a produtividade do total de cereais aumentaram 0,20 e 1,26 por cento por ano, o que mostra claramente que, no distrito de Kolhapur, a produção do total de cereais durante o período de trinta e dois anos aumentou principalmente devido à melhoria da produtividade dos cereais e menos devido ao aumento da área cultivada com cereais. A superfície, a produção e a produtividade do total dos cereais aumentaram a taxas mais elevadas (0,24, 1,31 e 1,26 por cento) durante o período II (1995-96 a 201112) em comparação com o período I (1980-81 a 1994-95) e o período III (1995-96 a 2011-12).

Entre os diferentes cereais, as taxas de crescimento anual da área, da produção e da produtividade do trigo, do arroz, do kharif e do rabi jowar nos períodos II e III foram positivas e altamente significativas, exceto a produtividade do kharif jowar no período II, que foi negativa. As taxas de crescimento da bajra foram negativas e altamente significativas durante os períodos de estudo II e III. Em geral, as taxas de crescimento anual da superfície, da produção e da produtividade dos cereais, *nomeadamente* do trigo, do jowar kharif, do arroz e do jowar rabi, registaram um aumento a taxas mais elevadas no período II (1995-96 a 2011-12) e no período III (1980-81 a 2011-12), em comparação com o período I (1980-81 a 1994-95), exceto no que se refere à produtividade do jowar kharif no período II, que foi negativa.

Quadro 5.7: Taxas de crescimento da área, produção e produtividade de cereais e leguminosas no distrito de Kolhapur

Sr. No.	Crops	Period I (1980-81to 1995-96)			Period II (1995-96 to 2011-12)			Over all period (1980-81to 2011-12)		
		A	P	Y	A	P	Y	A	P	Y
1	Rice	-0.17	1.10	0.24	23.4*	24.00**	3.87***	21.80***	22.76***	4.14***
2	Kh.Jowar	4.96***	17.04***	1.44	20.22*	18.69*	-0.72	25.05***	30.85***	1.17**
3	Rabi jowar	-6.96***	-2.20	2.90	56.87***	68.95***	7.16***	40.42***	53.27***	4.71***
4	Bajra	4.39	22.43**	5.11*	-19.02***	-28.11***	-29.52***	-14.05***	-20.59***	-22.54***
5	Wheat	-3.82**	-1.70	2.19***	24.79**	28.74**	2.05***	3.05***	20.91***	2.0***
6	Maize	-3.14***	1.39	1.59	16.68*	69.47***	3.68***	13.13***	53.47***	1.31
7	Total cereals	1.05***	1.01*	-2.86	0.24**	1.31**	1.26*	-0.85***	0.24	1.26
8	Red gram	3.62	-1.27	-0.52	21.76	21.51*	2.80	21.03***	18.50***	-0.56
9	Gram	8.04	12.28**	0.56	21.57*	23.24*	1.39**	24.56***	26.74***	-0.11
9	Green Gram	21.82***	27.20***	4.59**	31.15**	32.06**	0.35	31.34***	35.14***	2.04***
10	Black gram	12.84***	14.27***	1.23	21.64*	21.35*	0.16	27.83***	29.99***	1.69**
11	Total pulses	1.21	2.71*	1.43*	-0.11	1.05	1.20**	-0.67*	0.68**	1.34***
12	Total food grains	-0.72*	1.073*	1.85***	0.004	1.20*	-1.84**	-0.88***	0.21	-0.70**

*,**,*** significativo aos níveis de significância de 10, 5 e 1 por cento A- Área P- Produção Y - Produtividade

As taxas anuais de crescimento composto da área, da produção e da produtividade das leguminosas no distrito de Kolhapur revelaram-se positivas e altamente significativas durante todo o período (1980-81 a 2011-12), com exceção da área no período II e III, que foi negativa. A produção e a produtividade do total de leguminosas no distrito de Kolhapur aumentaram à taxa de 0,68 e 1,34. As taxas de crescimento da área parecem ser quase negativas. Assim, o crescimento da produção é atribuído principalmente à produtividade das HYV. No que diz respeito aos diferentes períodos, todos os períodos, com exceção do I, apresentaram taxas de crescimento negativas para a área, porque a área das culturas de leguminosas mudou para culturas comerciais. As taxas de crescimento anual da área, da produção e da produtividade do total das leguminosas aumentaram à taxa de 1,21, 2,71 e 1,43 por cento durante o período I, em comparação com o período II (-0,11, 1,05, 1,20) e o período III (-O,67, 0,68 e 1,34 por cento). Em geral, é indicado que existe uma grande margem para aumentar a área e a produção de leguminosas totais no distrito de Kolhapur.

Entre as leguminosas estudadas para o distrito de Kolhapur, as taxas de crescimento total das leguminosas para todo o período foram positivas e altamente significativas. A grama preta, a grama verde e a grama vermelha registaram taxas de crescimento positivas e significativamente mais elevadas durante todo o período de trinta e dois anos de estudo. A produtividade do grão vermelho diminuiu no período III, mas a sua área e produção registaram taxas de crescimento positivas e significativas ao longo dos períodos II e III. A área total de cereais alimentares, a produção e a produtividade flutuaram durante o período de estudo. A produção e a produtividade dos cereais alimentares aumentaram de forma positiva e altamente significativa durante o período I (1980-81 a 1994-95) em comparação com o período II (1995-96 a 2011-12) e o período III (1980-81 a 201112).

5.8 Taxa de crescimento da área, produção e produtividade do total de sementes oleaginosas e culturas comerciais

A área, a produção e a produtividade do total das sementes oleaginosas, do algodão e da cana-de-açúcar registaram grandes flutuações durante o período em estudo no distrito de Kolhapur. As taxas de crescimento da área, da produção e da produtividade das sementes oleaginosas durante todo o período foram positivas e aumentaram a uma taxa de 2,02, 3,65 e 1,43. As taxas de crescimento para o período III (1980-81 a 201112) foram de 2,02, 3,65 e 1,43, positivas e altamente significativas, revelando uma taxa de crescimento satisfatória. No entanto, diminuiu no período II.

A cultura do amendoim é uma importante cultura oleaginosa no distrito de Kolhapur. A área de produção e a produtividade do amendoim foram positivas e altamente significativas durante os períodos I, II e III, exceto a produtividade do amendoim no período III, que foi negativamente significativa. A taxa de crescimento da soja em termos de área, produção e produtividade foi positiva e altamente significativa durante o período de estudo. As taxas de crescimento em área, produção e produtividade da cultura da soja aumentaram em (56,80, 61,39 e 33,37) em todo o período de estudo.

Quadro 5.8: Taxas de crescimento da superfície, produtividade da produção de oleaginosas e culturas comerciais no distrito de Kolhapur

Sr. No.	Crops	Period I (1980-81 to 1995-96)			Period II (1995-96 to 2011-12)			Over all period (1980-81 to 2011-12)		
		A	P	Y	A	P	Y	A	P	Y
1	Groundnut	3.30***	7.22***	4.05***	28.28**	16.17	-1.78	24.17***	23.15***	-2.14*
2	Safflower	-11.44**	- 11.66**	8.55***	-3.80**	3.22***	- 2.2***	- 22.54***	23.1**	9.5***
3	Soybean	68.75***	80.35***	106.09***	22.55*	29.40**	1.54	56.80***	61.39***	33.37***
4	Total oilseed	-0.22	0.193	0.42	-0.02	2.33	0.74	2.02***	3.65***	1.43***
5	Cotton	- 11.24***	-6.60	3.57**	22.52*	26.09***	7.55	17.08***	22.01***	-6.64*
6	Sugarcane	3.25***	25.53***	20.64***	27.80**	23.01*	0.51	25.98***	31.71***	5.07**

*,**,*** significativo aos níveis de significância de 10, 5 e 1 por cento A- Área P- Produção Y - Produtividade

Entre as diferentes culturas de rendimento, o algodão foi positivo e altamente significativo no período II e III, exceto a produtividade no período III, que foi negativamente significativa. A cana-de-açúcar apresentou taxas de crescimento positivas e significativas para a área, produção e produtividade de 25,98,   31,71 e 5,07 por cento, respetivamente. Isso pode ser

O crescimento atribuído à fábrica de açúcar aumentou.

A partir da análise acima, pode concluir-se que existem grandes variabilidades no desempenho de culturas individuais em termos de mudanças no seu desempenho, produção total, produtividade no distrito durante o período em estudo, o que indica claramente que o progresso do desenvolvimento agrícola no distrito de Kolhapur e o seu efeito positivo.

5.9 Desenvolvimento das infra-estruturas

Tendo em conta os recursos naturais e a sua exploração, a irrigação, os fertilizantes, as alfaias modernas, outros factores de produção como as sementes, etc., foram estudados durante o período em análise. O desempenho de cada uma das culturas em termos de área, produção e produtividade foi de tipo misto. No caso das culturas do arroz, da cana-de-açúcar, do amendoim, registou-se um aumento considerável da produção, ao passo que o desempenho do trigo, da soja, da grama, da grama verde, da grama preta e das sementes oleaginosas revelou um melhor desempenho em termos de produtividade. Neste processo de desenvolvimento, as infra-estruturas desempenham um papel direto ou indireto.

5.9.1 Evolução da superfície cultivada com variedades de alto rendimento

Quadro 5.9 Alterações na área cultivada com variedades de alto rendimento no distrito de Kolhapur

(Área em "00" ha)

Sr.No.	Crop	1980-81	1995-96	2011-12
1	Paddy	714	935(30.95)	1027(43.83)
2	Jowar	297	500(68.35)	645(11717)
3	Wheat	300	432(44.00)	575(91.66)
	Total	1311	1867(42.41)	2247(71.39)

(Os valores entre parênteses indicam a variação percentual em relação ao ano de referência.) Fonte: Informações estatísticas agrícolas por distrito do Estado de Maharashtra.

A tecnologia das variedades de alto rendimento foi introduzida a partir de 1966-67, pouco depois da introdução das variedades de alto rendimento, tendo ganho impulso ao longo dos anos e a área cultivada com variedades de alto rendimento aumentou drasticamente. Em comparação com o ano de referência, a adoção de variedades de alto rendimento de arroz, jowar e trigo aumentou durante todo o período. Esta situação afectou naturalmente o desenvolvimento agrícola no distrito de Kolhapur.

5.9.2 Alterações na precipitação média anual

Quadro 5.10 Alterações na precipitação média anual no distrito de Kolhapur.

Period	Rainy days	Rainfall (mm)	Per cent change over the base year	Per cent change Over previous decade
1980-81	78	1157	100	-
1995-96	95	1420	22.73	22.73
2011-12	73	1033	-10.71	-27.25

(Fonte: Relatórios de estação e de colheita publicados pelo Departamento de Agricultura, M.S.)

Verifica-se que a precipitação no distrito de Kolhapur apresentou um carácter variável ao longo de todo o período em estudo. Observou-se que a precipitação no período II tinha aumentado 22,73% e no período III tinha diminuído 10,71%, respetivamente, em relação ao ano de referência. Devido a esta variação da precipitação durante o período de 32 anos, a disponibilidade de água também variou, levando à variação da produção agrícola.

As flutuações na variação percentual da pluviosidade em relação ao período anterior confirmam a validade das afirmações acima citadas, onde se verificam variações percentuais positivas e negativas na pluviosidade ao longo dos períodos.

5.9.3   Alterações na utilização de implementos e máquinas

Observa-se no Quadro 5.11 que a utilização de charruas de madeira, trituradores de cana-de-açúcar e motores a óleo diminuiu, enquanto a utilização de bombas eléctricas, charruas de ferro e tractores aumentou consideravelmente durante o período em estudo. A observação pormenorizada revelou que a utilização de charruas de madeira foi substituída por charruas de ferro e tractores. Foi interessante notar que a utilização de charruas de ferro aumentou e a utilização de charruas de madeira diminuiu. Isto indica a mudança da charrua de madeira para a charrua de ferro e a utilização de tractores, que aumentaram tremendamente em relação ao ano de referência.

A utilização de trituradores de cana-de-açúcar no distrito de Kolhapur diminuiu continuamente ao longo do tempo. Tal deveu-se principalmente à diminuição das unidades de produção de gur e ao aumento das unidades fabris de açúcar no distrito. A mudança mais notória verificou-se no caso dos motores eléctricos, que registaram um aumento de 56,76% em relação ao ano de referência. Esta situação deveu-se principalmente ao aumento da área irrigada por poços.

Quadro 5.11 Alterações na utilização de alfaias e maquinaria no distrito de Kolhapur.

Year	Wooden Plough	Iron Plough	Oil Engine	Electric Motors	Sugarcane Crusher	Tractors	Wet and Puddler
1980-81	96249	17289	13225	149.89	1337	2194	100
1995-96	89514 (-6.99)	27272 (57.74)	9699 (-26.66)	21279 (41.96)	833 (-37.69)	3809 (73.60)	1390 (1290)
2011-12	45007 (-53.23)	22618 (30.82)	8062 (-39.03)	23498 (56.76)	1264 (-5.45)	5932 (170.37)	2232 (2132)

(Os valores entre parênteses indicam a variação percentual em relação ao ano de referência, 1980-81)

Fonte: Recenseamento Agrícola dos respectivos anos, Relatórios de Sazonalidade e de Safra publicados pelo Departamento de Agricultura, MS.

É assim claro que a utilização de tractores e motores eléctricos aumentou consideravelmente no distrito durante um período de tempo, contribuindo significativamente para o desenvolvimento da agricultura no distrito.

5.9.4   Evolução do efetivo pecuário

O quadro 5.12 mostra as alterações no efetivo pecuário, indicando que a população de vacas e aves de capoeira diminuiu, enquanto a de búfalos, ovinos, caprinos e o total do efetivo pecuário aumentou ao longo do tempo.

A principal razão para o aumento do número de búfalos foi a elevada taxa de produção de leite de búfala obtida com eles em comparação com as vacas. Verifica-se que o efetivo pecuário total aumentou 6,88% em relação ao ano de referência. As populações de búfalos, ovelhas e cabras também aumentaram 34,22, 8,19 e 11,11%, respetivamente, em relação ao ano de referência.

Quadro 5.12 Evolução do efetivo pecuário no distrito de Kolhapur

Year	Cattle	Buffaloes	Poultry	Sheep	Goats	Total Livestock
1992	254797	481438	1382797	153116	172313	1136722
1997	260728 (2.32)	575568 (19.55)	1582940 (14.47)	184343 (20.39)	175232 (1.70)	1281929 (12.77)
2007	253347 (-0.56)	646217 (34.22)	868319 (-37.20)	165668 (8.19)	191459 (11.11)	1215010 (6.88)

(Os valores entre parênteses indicam a variação percentual em relação ao ano de referência) Fonte: - Inquérito socioeconómico do distrito de Kolhapur para os anos respectivos

5.9.5 Alterações na evolução da extensão das estradas

As estradas são uma infraestrutura muito importante e básica. São necessárias para o desenvolvimento de qualquer sector da economia. O seu desenvolvimento permite melhorar o transporte e a comunicação da zona rural com a cidade. Como os produtos agrícolas são sazonais e de carácter regional, requerem um transporte rápido para a sua comercialização. Pode observar-se no quadro 5.13 que a extensão da estrada no distrito de Kolhapur aumentou de 4375 km em 1980-81 para 9363 km em 2011-2012. Os 39,68 km de caminho de ferro permaneceram inalterados no período de 1980-81 a 2011-2012. Há necessidade de desenvolver os caminhos-de-ferro e as auto-estradas nacionais e estatais, porque ajudam a melhorar a comercialização, o que, por sua vez, conduzirá ao desenvolvimento da agricultura no distrito como um todo.

Quadro 5.13 Alterações na evolução do comprimento das estradas no distrito de Kolhapur

(Distância em km)

Year	National Highway	Main and other state highway	Major district Roads	Village roads	Others	Total	Railway
1980-81	47	640	1089	1345	1254	4375	39.68
1995-96	112 (138.29)	912 (42.05)	1449 (33.05)	1697 (26.17)	1588 (26.63)	5653 (222.73)	39.68
2011-12	112 (138.29)	1960 (206.25)	1644 (50.96)	3630 (169.88)	2112 (68.42)	9363 (430.78)	39.68

(Os valores entre parênteses indicam a variação percentual em relação ao ano de referência)

Fonte: - Inquérito socioeconómico do distrito de Kolhapur para os anos respectivos

5.9.6 Alterações no desembolso de crédito através do KDCCB

O crédito é também um importante fator de produção necessário ao agricultor para o desenvolvimento da agricultura. Uma vez que os agricultores indianos são pobres, o fornecimento autêntico e atempado de crédito dá um impulso à produção agrícola.

Quadro 5.14 Alterações no crédito desembolsado através do KDCCB no distrito de Kolhapur.

(Lakh rupees)

Year	Credit disbursed through KDCCB	Percent change over base year
1980-81	3123	-
1995-96	7284	133.21
2011-12	124445.56	3884.08

(Os valores entre parênteses indicam a variação percentual em relação ao ano de referência) Fonte: Inquérito socioeconómico do distrito de Kolhapur para os anos respectivos

O quadro 5.14 revela que o crédito desembolsado através dos KDCCB no distrito de Kolhapur tem vindo a aumentar continuamente durante o período em análise. O crédito desembolsado pelo KDCCB aumentou de Rs. 3123 *lakh* para 124445,56 *lakh* durante o período de 1980-81 a 2011-12. O enorme aumento do desembolso de crédito revela que os agricultores do distrito de Kolhapur estão a tirar partido do financiamento institucional para satisfazer as suas necessidades financeiras, o que constitui uma mudança significativa.

5.10 Factores responsáveis pelo desenvolvimento agrícola

Na parte anterior deste capítulo, discutimos a mudança no padrão de uso da terra, padrão de cultivo, uso de insumos, mudança nas instalações de infraestrutura, taxas de crescimento composto anual em área, produção e produtividade das principais culturas cultivadas no distrito de Kolhapur. Esta análise baseou-se principalmente na média da amostra, na percentagem e na proporção de itens individuais no total das respectivas variantes. O tipo de análise utilizado para o efeito tinha, no entanto, algumas limitações próprias, uma vez que não podia medir a contribuição relativa de variáveis individuais em combinação com outras variáveis para influenciar o desenvolvimento agrícola total do distrito de Kolhapur.

Os factores responsáveis pela produção agrícola no distrito de Kolhapur são muito importantes. Por conseguinte, a equação de regressão linear múltipla foi ajustada aos dados para obter os factores responsáveis pela produção agrícola no distrito de Kolhapur.

Análise de Regressão Linear Múltipla

Os pormenores relativos à especificação do modelo de regressão linear múltipla e à medição das variáveis já foram apresentados no capítulo da metodologia. Foram seleccionadas as seguintes variáveis para estimar a equação de regressão linear múltipla.

A análise da função de produção com as variáveis acima referidas foi efectuada para as séries cronológicas de dados a nível macro do desenvolvimento agrícola no distrito de Kolhapur.

Quadro 5.15 Coeficientes de regressão de determinação múltipla para o desenvolvimento agrícola no distrito de Kolhapur

Sr. No.	Variables	Regression Coefficients
1	Constant/intercept	11.94
2	Percentage of gross irrigated area to gross sown area (X_1)	0.57**
3	Consumption of total fertilizer (NPK) per hectare of gross irrigated area in kilograms(X_2)	0.428*
4	Percentage of gross sown area to net sown area (X_3)	0.02
5	Percentage of area of high yielding variety seeds to gross sown area (X_4)	0.09**
6	Percentage of area under commercial crops to gross sown area (X_5)	0.008*
7	Amount of loan (short term and medium term) disbursed through KDCCB per year in *lakh* of rupees (X_6)	1.15***
8	Average annual rainfall in the district (mm) (X_7)	0.007
9	Area under fruits crop in ha (X_8)	0.31
10	Number of milch animals (X_9)	2.05**
11	Coefficient of multiple determination (R^2)	0.92

*, ** e *** indicam níveis de significância de 10, 5 e 1 por cento, respetivamente.

O coeficiente de regressão das variáveis *viz,* percentagem de área bruta irrigada para área bruta semeada *(xi),* consumo de fertilizante total (NPK) por ha de área bruta irrigada *(x2),* Percentagem de área de sementes de variedades de alto rendimento para área bruta semeada (x4), Percentagem de área sob cultura comercial para área bruta semeada (x5), montante de empréstimo (curto e médio prazo) desembolsado através do KDCCB por ano em *Lakh* de rupess (X6) e número de animais leiteiros (x9), revelou-se positivo e altamente significativo a 1, 5 e 10 por cento de nível de significância indicando assim que, a produção agrícola do distrito de Kolhapur é altamente sensível a essas variáveis importantes. O coeficiente de regressão da percentagem de idade da área bruta semeada em relação à área líquida semeada (*X3*), da precipitação média no distrito (mm) *(x7)* e da área cultivada com fruteiras em hectares (Xs). O coeficiente de regressão destes factores revelou-se não significativo, pelo que é evidente que os factores como o coeficiente de regressão das variáveis *viz,* percentagem da área bruta irrigada em relação à área bruta semeada *(xi),*

Consumo de fertilizante total (NPK) por ha de área bruta irrigada *(x2),* Percentagem de área de sementes de variedades de alto rendimento em relação à área bruta semeada (x4), Percentagem de área sob cultura comercial em relação à área bruta semeada (x5), montante de empréstimo (curto e médio prazo) desembolsado através do KDCCB por ano em *Lakh* de rupess (X6), Número de animais leiteiros (x9), têm importância no processo de desenvolvimento agrícola no distrito de Kolhapur.

5.11   Pontos fortes, pontos fracos, oportunidades e ameaças (SWOT) da agricultura

A análise SWOT é uma ferramenta de análise simples mas eficaz que ajuda na formulação de políticas. Visualiza o futuro com base na situação atual. Os pontos fortes do sector são o resultado de estratégias bem sucedidas do passado e as oportunidades podem ser colhidas através da combinação de estratégias novas e antigas. Os pontos fracos e as ameaças são os obstáculos ao desenvolvimento que podem ser devidos a erros do passado e a novas tendências emergentes. O presente capítulo dedica-se à análise SWOT do distrito de Kolhapur, centrando-se nos sectores da agricultura e afins.

Em primeiro lugar, são aqui apresentados os pontos fortes e fracos globais, bem como as oportunidades e ameaças.

PONTOS FORTES

1)   Precipitação garantida:

O distrito está bem posicionado do ponto de vista da precipitação. A precipitação média total e o número total de dias de chuva no distrito são 1247,50 (mm) e 90, respetivamente.

2)   Rede de cooperativas:

O sector cooperativo está bem diversificado e desenvolvido graças aos esforços desenvolvidos por cooperadores de sucesso como Hon Ratanappa Kumbhar, Late Shri Tatayasaheb Kore, Balasaheb Mane, Kalapana Awade e outros. A expansão das cooperativas ajudou os agricultores a receberem um preço remunerador pelos seus produtos e a receberem os factores de produção básicos necessários para a agricultura através da Sociedade Vikas. Atualmente, o número de sociedades cooperativas é de 2374 no distrito de Kolhapur.

3)   Instalações de irrigação:

As bênçãos da natureza e os esforços da comunidade agrícola resultaram coletivamente na disseminação das instalações de irrigação. As instalações de irrigação no distrito ajudam a aumentar a

produtividade. O padrão de irrigação do tipo Kolhapur é agora um padrão bem aceite, conhecido como KT Weirs. No distrito de Kolhapur, o número total de tanques, poços abertos e irrigação por elevação foi de 104, 17045 e 19605, respetivamente.

4)   Mecanismo de conetividade e transporte:

Na era moderna, o papel da conetividade e das facilidades de transporte não precisa de ser elaborado. O distrito está bem ligado às principais cidades por caminho de ferro e estrada. As aldeias do distrito estão ligadas a estradas de todas as estações. Existem meios de transporte modernos, como viagens e outros veículos de transporte, e são utilizados tractores nas operações agrícolas. A utilização da Internet e dos telemóveis está também a aumentar a um ritmo exponencial.

5)   Solos bem drenados:

A topografia da região mostra que o alagamento não ocorre. O solo bem drenado é outra caraterística importante e um mérito do distrito.

6)   Disponibilidade de forragens verdes durante todo o ano:

A utilização prudente da irrigação levou ao aumento da área cultivada com cana-de-açúcar. O distrito de Kolhapur é a bacia açucareira de Maharashtra. Este facto resultou na disponibilidade de forragens verdes para a criação de animais.

7)   Participação das mulheres:

O papel das mulheres no sector agrícola em geral e nas actividades agrícolas em particular é muito importante. Toda a economia doméstica rural é dominada pelas mulheres, uma vez que são elas que estão na base de várias actividades económicas. O trabalho realizado por reformadores sociais como Rajshree Shahu e Karmveer Bhaurao Patil difundiu a educação na comunidade feminina, que é capaz de compreender e realizar várias actividades económicas.

8)   Rede de Lacticínios:

A economia rural do distrito de Kolhapur é mais resistente aos choques económicos devido à sua diversificação noutras actividades lucrativas, como os lacticínios. A disseminação da cana-de-açúcar ajudou os agricultores marginais e os trabalhadores agrícolas a utilizarem as suas poupanças e competências na atividade leiteira.

9) Boa rede de fornecimento de insumos:

A disponibilidade de insumos adequados e oportunos é uma condição prévia para o sucesso em qualquer sector. O distrito possui uma boa rede de cooperativas e fornecedores privados de insumos agrícolas. Os centros de serviços desempenham um papel importante. O número total de centros de serviços, sementes/fertilizantes, sistemas de irrigação e consultoria agrícola é de 2142, 1774, 197 e 152, respetivamente, no distrito de Kolhapur.

10) Boas infra-estruturas de investigação e extensão:

A produtividade da cultura depende em grande parte das actividades de investigação e extensão. O distrito oferece estes serviços aos agricultores através dos centros de formação regionais e dos trabalhadores no terreno. A demonstração de novas sementes e novas práticas por estes centros de extensão aumentou a taxa de adoção de novas tecnologias, resultando num aumento da produtividade.

11) Número máximo de SHGs:

Os grupos de autoajuda estão agora a tornar-se pontos de contacto para a prestação de apoio institucional. Os esforços desenvolvidos pelo NABARD resultaram na disseminação dos SHGs. O distrito mostrou a sua liderança nesta nova forma e agora o distrito tem o número máximo de SHG.

12) Elevada percentagem de agricultores inovadores:

A reação dos agricultores e a sua iniciativa desempenham um papel crucial na determinação da forma e do crescimento da região. A adoção de novas práticas e a procura de melhores práticas agrícolas conduziram a um aumento dos rendimentos dos agricultores e da região.

- PONTOS FRACOS

1) Ocorrência de inundações:

A barragem de Almatti, em Karnataka, criou o problema das inundações nos últimos anos. A ocorrência de inundações nos anos 200506, 2006-07 e 2007-08 afectou a área de 74639,69, 46144,68 e 9231 hectares, respetivamente, no distrito.

2) Erosão intensa do solo:

A topografia do distrito afecta negativamente a qualidade do solo. A recorrência das inundações nos últimos anos causou grandes danos à qualidade do solo. O uso excessivo de água e de produtos químicos também resultou na deterioração da qualidade do solo.

3) Fonte de alimentação interrompida:

A modernização da agricultura resultou na dependência da energia eléctrica. Mas o fornecimento errático e irregular de eletricidade causou imensos problemas aos agricultores. O sombreamento de carga para a agricultura resultou em atraso ou não disponibilidade de água para as culturas. Além disso, as flutuações erráticas da energia eléctrica causaram danos aos conjuntos de bombas eléctricas e a outros instrumentos. O sector agrícola tem a menor prioridade na distribuição de eletricidade e é responsabilizado pelo roubo.

4) Leite para a subsistência:

Como a terra disponível para a maioria dos agricultores não é económica e tem um rendimento inferior devido à qualidade inferior ao padrão da terra, isso levou os agricultores a encontrar uma alternativa para apoiar o rendimento agrícola. Este facto conduziu ao desenvolvimento da produção leiteira na região. A difusão do modelo cooperativo no sector dos lacticínios também contribuiu para a difusão da agricultura. O aumento do custo dos factores de produção exerceu pressão sobre os pequenos agricultores, mesmo na atividade leiteira. Esta situação exige a diversificação das actividades agrícolas e a geração de rendimentos.

5)   Não cultivo de forragens para a produção de leite:

O sector leiteiro depende fortemente da cana-de-açúcar para as forragens. As flutuações na produção de cana-de-açúcar conduzem a flutuações na oferta de forragem. Além disso, a qualidade das forragens, devido à dependência exclusiva da cana-de-açúcar, é também um fator problemático. A ausência de cultivo de forragens é um fator limitativo para o crescimento saudável do sector leiteiro.

6)   Corte mono:

O padrão de cultivo sofre do defeito do monocultivo. Os agricultores seguem a história de sucesso de um agricultor e voltam-se para a mesma cultura. No caso das culturas tradicionais, como o arroz, o problema da monocultura é mais grave.

7)   Desequilíbrio no uso de água e fertilizantes:

Os factores de produção básicos da agricultura, como a água e os fertilizantes, estão a ser excessivamente utilizados devido a muitos equívocos e práticas erradas. Como o fornecimento de eletricidade é irregular, o agricultor tenta explorar ao máximo a água das fontes disponíveis. Isto provoca uma utilização excessiva da água e, posteriormente, uma escassez. A utilização de fertilizantes não se baseia em testes do solo, o que leva a uma utilização desequilibrada dos mesmos.

8)   Poluição da água devido a resíduos industriais e resíduos urbanos:

O rio Panchganga, no distrito de Kolhapur, é conhecido pelo seu nível de poluição mais elevado. Esta é causada pelos efluentes das fábricas de açúcar e pelos resíduos urbanos drenados diretamente para o rio. Este facto causa problemas de saúde aos agricultores que residem na margem do rio e polui também as culturas.

9)   Limitações da agricultura mecânica:

A pequena dimensão das explorações limita a utilização da agricultura mecânica. Como a dimensão média das explorações de 73% dos agricultores é inferior a um hectare, não podem pagar o aluguer de tractores e máquinas modernas. Este facto reduz a produtividade.

10)   Indisponibilidade de mão de obra:

A tendência recente de escassez de mão de obra, especialmente durante a estação, é mais uma limitação para a região. As taxas salariais estão a aumentar e a concorrência entre os agricultores criou uma espiral salarial e escassez de mão de obra.

- OPORTUNIDADES

O distrito oferece várias oportunidades tanto de curto como de longo prazo. O potencial do distrito pode ser explorado com a plena compreensão destas oportunidades para alcançar um desenvolvimento acelerado.

1)   Comercialização da atividade leiteira:

A atividade leiteira oferece um rendimento estável e imediato aos agricultores. Os agricultores marginais têm sustentado a sua vida com o apoio da indústria de lacticínios. Agora, o negócio dos lacticínios precisa de ser modernizado e comercializado. Isto transformará os lacticínios de subsistência em lacticínios comerciais.

2)   Possibilidade de melhorar os níveis de produtividade:

A produtividade global de várias culturas é baixa, tanto comparativamente como em relação ao potencial da região. O apoio aos agricultores para aumentar a produtividade global com base na microanálise da região transformará a economia do distrito.

3)   Âmbito de comercialização:

O êxito da agricultura depende em grande medida do êxito da comercialização. Por conseguinte, a ligação do sector agrícola à eficácia da comercialização é outra oportunidade potencial. A rede de cooperativas já existe no distrito. Esta pode ser usada como base para a modernização e conversão em chopais electrónicos. O clube de agricultores também pode atuar como facilitador para este efeito.

4)   Possibilidade de aumentar a intensidade das culturas:

A intensidade de cultivo do distrito é baixa, o que pode ser aumentado através de melhores técnicas de irrigação que podem aumentar a intensidade de cultivo. O aumento da intensidade de cultivo contribui para atingir as taxas de crescimento pretendidas.

5)   Possibilidade de desvio para as culturas de rendimento:

O padrão de cultivo precisa de mudar de um padrão orientado para a tradição para um padrão orientado para o mercado. O valor acrescentado determina o nível de rendimento dos agricultores, pelo que é necessário alterar o padrão de cultivo. Isto inclui a redução das culturas que consomem mais factores de produção e acrescentam menos ao rendimento. O principal fator de crescimento para a região é o desvio de culturas de baixo rendimento e baixo valor acrescentado para culturas de alto rendimento e alto valor acrescentado.

6)   Possibilidade de aumentar a área cultivada com produtos hortícolas:

A produção de produtos hortícolas é uma atividade de mão de obra intensiva e de elevado valor acrescentado. O grande número de agricultores marginais pode efetivamente utilizar as suas terras para o cultivo de produtos hortícolas. A urbanização no distrito aumenta a procura de produtos hortícolas.

7)   Possibilidade de aumentar a área cultivada com leguminosas e sementes oleaginosas:

A redução da dependência dos cereais e o aumento da superfície de leguminosas secas e oleaginosas contribuem igualmente para aumentar o rendimento dos agricultores.

8)   Diversificação das empresas agrícolas:

O risco agrícola, tanto em termos de sobreprodução como de quebra de safra, causa grandes perdas aos agricultores. Este risco pode ser reduzido através da diversificação das actividades agrícolas.

9)   Âmbito de aplicação da agricultura sob contrato:

O novo acordo institucional para reduzir o risco na agricultura e trazer a experiência empresarial para o nível da exploração agrícola é a agricultura por contrato. O risco é partilhado entre o agricultor e a empresa contratante. O distrito demonstrou o sucesso do contrato de enquadramento no milho para bebé e pode ser utilizado também para outras culturas.

10)   Possibilidades de recolha do excesso de chuva:

O distrito recebe chuva suficiente mas esta não é devidamente armazenada e utilizada. Os tanques agrícolas e outros mecanismos resultarão numa utilização racional da água e na contribuição para o potencial de irrigação.

11)   Âmbito da plantação de horticultura:

A plantação de horticultura e a geração de rendimentos através dela podem atuar como outro motor para o distrito. A área adicional, bem como a diversificação de culturas, conduzirá à expansão da horticultura.

- AMEAÇAS

O potencial de crescimento do distrito enfrenta algumas ameaças que devem ser consideradas aquando da conceção do pacote de políticas.

1.   Exploração excessiva dos recursos naturais:

A terra frágil é sobre-explorada juntamente com outros factores de produção, como é evidente pelo estado dos micronutrientes do distrito.

2.   Diminuição da superfície cultivada:

A superfície cultivada diminuiu devido ao desvio de terras agrícolas para fins não agrícolas e à salinização das terras. Esta situação resultou numa diminuição da superfície cultivada.

3.   Limitação da promoção de unidades de microirrigação e processamento devido à interrupção do fornecimento de energia eléctrica:

O crescimento das unidades de transformação agrícola e a expansão da agricultura moderna são limitados devido à falta de energia eléctrica. O sector agrícola é o menos prioritário na atribuição de energia. O roubo de eletricidade é erradamente atribuído à agricultura e o fornecimento de energia é reduzido.

4.   Limitações para a mecanização e intensificação agrícola:

Os pequenos agricultores e os agricultores marginais têm uma propriedade fundiária não económica. Este facto torna quase impossível a utilização de instrumentos modernos para aumentar a produtividade.

5.   Subutilização da mão de obra no sector dos lacticínios:

A mão de obra no sector dos lacticínios é subutilizada. A atividade leiteira é gerida por mulheres a nível doméstico. A atividade leiteira sustenta o rendimento dos pequenos produtores, mas a escala de operação é pequena e, portanto, não pode proporcionar emprego a tempo inteiro.

6.   Subnutrição/Malnutrição dos animais:

A qualidade do gado no nosso país é pobre devido à nutrição / subnutrição do gado. A qualidade da forragem é baixa e a capacidade do agricultor para comprar matéria-prima de boa qualidade é limitada. Os animais são fracos e susceptíveis a doenças.

7.   Problemas de saúde do solo devido à monocultura:

A monocultura no distrito resultou numa exploração excessiva do solo e causou problemas no solo. A sensibilização para este problema é insuficiente.

8.   O custo de cultivo aumenta de dia para dia devido à disponibilidade de mão de obra, o que afecta diretamente os rendimentos líquidos:

A espiral dos preços dos factores de produção transformou a agricultura numa atividade não rentável. Os preços de produção, embora tenham aumentado, ficaram aquém dos preços de custo. Este facto reduziu os rendimentos e aumentou o endividamento dos agricultores.

Medidas sugeridas

A análise SWOT do distrito permite abordar a doença do sector agrícola e a angústia dos agricultores. É necessário envidar todos os esforços para resolver o círculo vicioso da pobreza. A estratégia deve ser adaptada às necessidades e aspirações regionais. A estratégia necessária para o crescimento envolve os seguintes pontos importantes.

1.   Aumentar a produtividade das principais culturas:

O desafio fundamental para a agricultura consiste em aumentar a produtividade das principais culturas. A segunda revolução verde, tal como prevista por Swaminathan e fortemente apoiada por Sharad Pawar nos seus discursos, constitui a chave para a transformação rural e agrícola. No distrito de Kolhapur, a produtividade das principais culturas, como o arroz e o sorgo nos cereais e as oleaginosas, como a soja, e as culturas comerciais, como a cana-de-açúcar, são as principais culturas com desafios para aumentar a produtividade.

2.   Diversificação das culturas:

Como a disponibilidade de terras é limitada, a produção adicional pode ser obtida através da diversificação das culturas. A diversificação das culturas, de culturas que consomem muitos factores de produção, como a cana-de-açúcar, para culturas de valor acrescentado, como os produtos hortícolas e os cereais, estabelecerá o equilíbrio na utilização dos recursos. A utilização óptima dos recursos naturais só é possível através da diversificação das culturas.

3. Melhorar as actividades baseadas no valor:

O aumento da produção agrícola e da produtividade é uma condição necessária, mas não suficiente, para a prosperidade dos agricultores. Este aumento deve ser apoiado por actividades de valor acrescentado.

A venda direta aos clientes e a melhor classificação contribuirão para uma melhor realização do agricultor. Do mesmo modo, as indústrias de base agrícola, com uma participação importante dos agricultores, também contribuirão para aumentar o rendimento dos agricultores.

4. Encontrar apoio para o mecanismo de crescimento do rendimento:

O sector agrícola está exposto a todos os tipos de risco e os agricultores não estão protegidos de forma alguma. O fracasso das colheitas leva a que os agricultores se encontrem em dificuldades financeiras. É necessário adotar uma diversificação do padrão de rendimento dos agricultores. Os pequenos agricultores e os agricultores marginais necessitam de regimes de apoio ao rendimento para satisfazerem as suas necessidades básicas.

5. Reduzir os riscos no sector agrícola:

As ferramentas e técnicas modernas devem ser aplicadas para reduzir o risco exclusivamente suportado pelos agricultores. A agricultura sob contrato é um mecanismo em que os agricultores obtêm parceiros para os seus riscos. As cooperativas de crédito e os institutos de comercialização também precisam de desenvolver micro-seguros.

6. Criar actividades fora da exploração:

O rendimento do agricultor depende em grande medida do rendimento das culturas, da produção e dos preços. Os agricultores marginais não dispõem de rendimentos suficientes provenientes da agricultura. Por conseguinte, é necessário desenvolver uma estratégia para aumentar o emprego fora da exploração agrícola. O sector rural tem grande necessidade de estradas, armazéns e instalações de armazenamento. Neste domínio, o governo e o sector privado devem assumir a liderança.

7.   Envolver as mulheres e os membros das secções mais fracas no processo de crescimento:

As mulheres estão muito subempregadas e a sua capacidade potencial pode ser utilizada para acelerar o crescimento. Os agricultores marginais e as pessoas pertencentes a comunidades atrasadas podem ser integrados na corrente económica principal através da expansão das actividades não agrícolas e da formação de competências para os artesãos.

8.   Desenvolvimento de ligações com SHG e ONG:

Atualmente, o NABARD fez uma experiência ousada ao associar o SHG à banca. Estas instituições orientadas para as pessoas podem ser utilizadas para acelerar o crescimento agrícola.

6. RESUMO E CONCLUSÕES

O desenvolvimento agrícola é um elemento estratégico no processo de desenvolvimento económico de um país. Já deu um contributo significativo para a prosperidade económica dos países avançados. Sendo a Índia um país predominantemente agrícola e sobrepovoado, o desenvolvimento da agricultura, com um aumento da produção e da produtividade, contribuiria substancialmente para o crescimento económico global de um país. A agricultura é a maior atividade económica da Índia, pois contribui com 13,7% do PIB e dá emprego tanto a pessoas alfabetizadas como analfabetas. O papel da agricultura no desenvolvimento económico da Índia continua a ser de grande importância, enquanto produtor de alimentos, empregador de cerca de dois terços da mão de obra e fonte de poder de compra de grande parte dos bens e serviços de consumo não agrícolas da   economia.   O rápido crescimento da agricultura tem, por conseguinte, sido considerado como o requisito básico para o crescimento e o desenvolvimento adequados da economia da Índia. No entanto, o sector agrícola apresentou um desempenho misto durante o período pós-independência. A taxa de crescimento da produção agrícola em geral e da produção de cereais alimentares em particular foi inferior à do aumento da população durante os anos cinquenta e o início dos anos sessenta. Devido à pressão crescente da população e à estagnação da produtividade da agricultura, o país foi obrigado a depender fortemente das importações de cereais para satisfazer a procura interna de alimentos. Durante este período, o crescimento da produção agrícola deveu-se, em grande medida, à expansão da superfície cultivada com diferentes culturas e não a qualquer mudança tecnológica importante.

O desenvolvimento agrícola significa um melhor nível de vida para as famílias de agricultores. O aumento do sector agrícola tem impacto no desenvolvimento de outros sectores da economia. Em comparação com outros Estados como Punjab, Haryana e Utter Pradesh. O desenvolvimento da agricultura em Maharashtra não se revelou satisfatório. Esta situação deve-se à escassez de instalações de irrigação, de crédito, de factores de produção agrícola e à variação dos recursos naturais entre as regiões de Maharashtra.

Na região ocidental de Maharashtra, o distrito de Kolhapur é um dos distritos mais avançados em termos de desenvolvimento agrícola. O estudo centra-se principalmente na tendência da utilização dos solos e do padrão das culturas, nas taxas de crescimento de culturas importantes, no desenvolvimento de infra-estruturas e na identificação das principais variáveis que influenciam a produção agrícola e na análise SWOT de Kolhapur. Foram igualmente examinadas as alterações das taxas de crescimento da superfície, da produção e do rendimento das principais culturas devido à utilização de tecnologias modernas. Tendo em conta o que precede, o presente estudo, *ou seja,* uma avaliação económica do desenvolvimento agrícola do distrito de Kolhapur, foi realizado com os seguintes objectivos específicos

i)   Estudar as mudanças na utilização das terras e no padrão de cultivo

ii) Estudar as taxas de crescimento da superfície, da produção e da produtividade das principais culturas

iii) Estudar o desenvolvimento de infra-estruturas para a agricultura

iv) Identificar os factores importantes responsáveis pelo desenvolvimento agrícola

v) Identificar os pontos fortes, os pontos fracos, as oportunidades e as ameaças (SWOT) e sugerir medidas.

Os dados secundários sobre vários parâmetros do desenvolvimento agrícola para o período compreendido entre 1980-81 e 2011-12, ou seja, durante 32 anos, relativos a vários aspectos como a utilização dos solos, o padrão de cultivo, a superfície, a produção e a produtividade das principais culturas, os factores de produção, os fertilizantes, o gado e a maquinaria agrícola, etc., no que respeita ao distrito de Kolhapur. Os dados foram recolhidos a partir de literatura estatística publicada e contactando funcionários da Zilla Parishad, da Cooperativa e do Serviço Distrital de Estatística de Kolhapur, do livro de recenseamento distrital, do relatório sobre as estações e as colheitas publicado pelo Departamento de Agricultura de Maharashtra, do Epitome of Agriculture, do Ministério da Agricultura do Governo da Índia, do relatório do Lead Bank Bank of India, do plano anual de crédito (distrito de Kolhapur). www.Kolhapur.nic.in Resumos estatísticos distritais, relatórios de inquéritos económicos. As alterações na utilização das terras, no padrão de cultivo e na utilização de factores de produção foram estudadas para os trinta e dois anos que se iniciaram em 1980-81 e terminaram em 2011-12, estimando as proporções em relação ao respetivo ano de referência nos momentos seleccionados. O impacto do desenvolvimento agrícola na produção agrícola foi avaliado através da estimativa das taxas de crescimento anuais compostas da superfície, da produção e da produtividade das culturas *viz, arroz*, kharif jowar, rabi jowar, bajra, trigo, outros cereais, total de cereais, grama, tur, total de leguminosas, total de cereais alimentares, amendoim, cártamo, algodão e cana-de-açúcar no distrito de Kolhapur para três períodos, *nomeadamente* o período I 1980-81 a 1994-95, o período II 1995-96 a 2011-12 e também para todo o período (1980-81 a 2011-12). A equação de regressão linear múltipla ajustada aos dados para o período de 1980-81 a 2011-2012 para estudar a relação funcional existente entre o valor agregado da produção vegetal em milhões de rupias no distrito de Kolhapur como variável dependente e as nove variáveis independentes seleccionadas, *a saber* percentagem da área bruta irrigada em relação à área bruta semeada (x_1), consumo de fertilizante (NPK) kg por hectare de área bruta irrigada (x_2), percentagem da área bruta semeada em relação à área líquida semeada (x_3), percentagem da área de sementes de variedades de alto rendimento em relação à área bruta semeada (x_4), percentagem de superfície de culturas comerciais em relação à superfície bruta semeada (x5), montante do empréstimo (a curto e médio prazo) desembolsado através dos KDCCB por ano em *milhares* de rupias (x6), precipitação média anual no distrito em mm (x7), superfície de culturas frutícolas em ha (x8) e número de animais leiteiros (x9).

6.1 Resumo das conclusões

As conclusões do estudo foram resumidas em seguida.

1.   O exame cuidadoso das alterações no padrão de utilização dos solos no distrito de Kolhapur indicou que a área florestal tinha diminuído 4,22% durante todo o período em estudo. Também a superfície de terras estéreis e incultas registou uma tendência decrescente, passando de 5,34% para 5,15% da área geográfica durante um período de trinta e dois anos. A área de resíduos cultiváveis registou uma tendência decrescente de 8,35% para 4,75% da área geográfica durante o período em estudo.

2. Nos últimos 32 anos, a área semeada líquida do distrito de Kolhapur registou um ligeiro aumento de 1,22% da área geográfica. A superfície cultivada bruta aumentou 49,23% durante o mesmo período. Tal deveu-se ao aumento da área semeada mais do que uma vez. A área irrigada líquida da região era de 0,712 *lakh* hectares no ano de 1980-81, tendo aumentado para 1,280 *lakh* hectares, ou seja, 79,77% no ano de 2011-12.

3. O crescimento da área irrigada por várias fontes no distrito de Kolhapur durante o período em estudo indicou que a percentagem de irrigação de superfície, com exceção de poços, em relação à área irrigada líquida tinha diminuído de 70,04% para 63% nos respectivos trinta e dois anos e tinha aumentado continuamente. A percentagem da área irrigada por poço em relação à área irrigada líquida era de 29,16% no ano de 1980-81 e subiu para 37% no ano de 2011-12.

4. O arroz ocupou uma posição dominante no padrão de cultivo em todos os períodos no distrito de Kolhapur, correspondendo a 1,29% da área bruta cultivada durante o período em estudo. Durante os últimos trinta e dois anos, a área cultivada com o total de cereais e o total de grãos

alimentares diminuiu. A área cultivada com o total de leguminosas também diminuiu ao longo do período, mas a área cultivada com o total de oleaginosas e cana-de-açúcar aumentou consideravelmente durante o período em estudo. É interessante notar que a superfície cultivada com grama preta e grama verde aumentou quase 2,5 e 6 vezes em relação ao ano de referência, ou seja, a superfície cultivada com grama preta era de 0,010 *lakh* hectares e a de grama verde era de 0,040 *lakh* hectares em 1980-81, tendo aumentado para 0,025 *lakh* hectares e 0,030 *lakh* hectares, respetivamente. A superfície cultivada com cereais alimentares diminuiu ligeiramente durante o período em análise. A área cultivada com cana-de-açúcar aumentou de 0,500 *lakh* hectares em 1980-81 para 1,399 *lakh* hectares em 2011-12. A área cultivada com soja aumentou consideravelmente de 0,200 *lakh* hectares em 1980-81 para 0,485 *lakh* hectares em 2011-12. A área cultivada com o total de cereais diminuiu 14,35 e 16,73% em 1995-96 e 2011-12, respetivamente, em relação ao ano de referência de 1980-81. A área cultivada com o total de leguminosas e o total de cereais alimentares diminuiu 24,30 e 17,63 por cento, respetivamente, em 2011-12, em relação ao ano de referência de 1980-81. A superfície total de sementes oleaginosas aumentou 159,49 e 56,98% em 1995-96 e 2011-12, respetivamente, em relação ao ano de referência de 1980-81.

5. As mudanças nas produtividades das principais culturas mostraram que, com exceção do grama-vermelho, as produtividades de todas as outras culturas tinham aumentado em relação ao ano de base 1980-81. A produtividade de algumas das culturas diminuiu durante o período II e melhorou no período III. A produtividade média do total de cereais, do total de leguminosas e do total de cereais alimentares registou um aumento de 66,22, 8,68 e 58,67 por cento em 2011-12, respetivamente, em relação ao ano de referência de 1980-81. A produtividade da cultura total de oleaginosas também registou um aumento de 76,64 por cento em 2011-12 em relação ao ano de referência de 1980-81. A produtividade da

cana-de-açúcar, da soja e do amendoim também registou um aumento considerável de 10,79, 154,40 e 45,87 por cento, respetivamente, durante os últimos trinta e dois anos no distrito de Kolhapur.

6. As taxas de crescimento anual composto por período na área, produção e produtividade das principais culturas no distrito de Kolhapur indicaram que a área, a produção e a produtividade de todos os cereais aumentaram significativamente durante o período em estudo. A produção e a produtividade do total dos cereais registaram um aumento de 0,24 e 1,26 por cento por ano, respetivamente, durante todo o período. No entanto, a área cultivada com cereais totais diminuiu 0,85% por ano. A superfície, a produção e a produtividade do total dos cereais aumentaram a uma taxa significativamente mais elevada (0,24, 1,31 e 1,26 por cento) durante o período II (1995-96 a 2011-12) em comparação com o período I (1980-81 a 1994-95). Diminuiu no período (1980-81 a 2011-2012), exceto a área no período III, que foi negativamente significativa.

A produção e a produtividade do total das leguminosas no distrito de Kolhapur aumentaram significativamente à taxa de 0,68 por cento e 1,34 por cento, respetivamente, e a área foi negativamente significativa. As taxas de crescimento anual da área, da produção e da produtividade do total das leguminosas aumentaram à taxa de 1,21, 2,71 e 1,43% durante o período I, em comparação com o período II (-0,11, 1,05, 1,20) e o período III (-0,67, 0,68 e 1,34%). De um modo geral, é indicado que existe uma grande margem para aumentar a área e a produção de leguminosas totais no distrito de Kolhapur.

A área, a produção e a produtividade do total de sementes oleaginosas e do algodão flutuaram bastante durante o período em estudo, mas as taxas de crescimento da área, da produção e da produtividade da cana-de-açúcar durante todo o período foram positivas e aumentaram significativamente à taxa de 25,98, 31,71 e 5,07 por cento por ano, respetivamente. O total das culturas oleaginosas registou um crescimento significativo de 2,02, 3,65 e 1,43 por cento por ano na área, produção e produtividade, respetivamente, durante todo o período. A área e a produção de amendoim aumentaram significativamente em 24,17 e 23,15 por cento, respetivamente, por ano, durante todo o período em estudo. A produtividade do amendoim durante todo o período de estudo foi negativamente significativa.

7.   A adoção de HYV de Paddy, Jowar e Trigo aumentou quase duas vezes em relação ao ano de base 1980-81. O arroz aumentou de 0,714 *lakh* hectares para 1,027 *lakh* hectares, o jowar de 0,297 *lakh* hectares para 0,645 *lakh* hectares e o trigo de 0,300 lakhhectares para 0,575 *lakh* hectares durante o período em estudo.

8.   A utilização de charruas de madeira foi substituída por charruas de ferro e tractores ao longo do tempo. As charruas de madeira diminuíram 53,23% em relação ao ano de referência, enquanto as charruas de ferro aumentaram 30,82%. No entanto, observou-se um enorme aumento dos tractores, que atingiram 170,37% em relação ao ano de referência de 1980-81. A utilização de trituradores de cana-de-açúcar registou um declínio contínuo ao longo do período. O número de motores eléctricos aumentou 56,76% em relação ao ano de referência, o que confirma o aumento da irrigação no distrito. A utilização de poças de água aumentou 21,32% em relação ao ano de referência 1980-81.

9.   O crédito desembolsado através do KDCCB no distrito de Kolhapur aumentou continuamente de Rs. 3123 *lakh* em 1980-81 para Rs. 124445,56 *lakh* em 2011-12. O empréstimo desembolsado pelo KDCCB, tanto a curto como a médio prazo, foi notório durante os dois últimos períodos.

10. A população de vacas diminuiu, ao passo que os búfalos, o gado total, as ovelhas e as cabras aumentaram ao longo do tempo no distrito de Kolhapur. O efetivo pecuário total aumentou 6,88% em relação ao ano de referência de 1980-81.

A população de ovinos e caprinos também aumentou 8,19 e 11,11% em relação ao ano de referência.

11. O comprimento das auto-estradas nacionais e das principais

estradas distritais aumentou substancialmente durante todo o período. O comprimento total das estradas aumentou mais de duas vezes em relação ao ano de referência de 1980-81.

12. A precipitação mostrou uma variação ao longo de todo o período em estudo, com altos e baixos nos pontos seleccionados para estudo.

13. O consumo total de fertilizantes (NPK) no distrito de Kolhapur foi de 49759 MT no ano 1980-81, tendo aumentado para 270449 MT no ano 2011-2012. O consumo total de NPK por hectare registou uma tendência crescente durante o período em estudo. Verifica-se que, durante os últimos trinta e dois anos, o consumo de N aumentou mais do que o de P e K.

14. O exame crítico da análise de regressão linear múltipla para o desenvolvimento agrícola no distrito de Kolhapur revelou que os coeficientes de regressão das variáveis. A análise da função de produção com as variáveis acima referidas, *nomeadamente* percentagem da área bruta irrigada em relação à área bruta semeada *(xi)*, consumo de fertilizante total (NPK) por ha de área bruta irrigada *(x2)*, percentagem da área de sementes de variedades de alto rendimento em relação à área bruta semeada (x4), percentagem da área de culturas comerciais em relação à área bruta semeada (x5), montante do empréstimo (curto e médio prazo) desembolsado através do KDCCB por ano em *Lakh* de rupess (X6) e número de animais leiteiros (x9) revelou-se positivo e altamente significativo a 1, 5 e 10 por cento de nível de significância, indicando assim que a produção agrícola do distrito de Kolhapur é altamente sensível a essas variáveis importantes. O coeficiente de regressão da percentagem da área bruta semeada em relação à área líquida semeada *(X3)*, da precipitação média no distrito (mm) *(x7)* e da área cultivada com fruteiras (Xs) revelou-se uma associação positiva com o aumento do valor da produção total, mas o coeficiente de regressão destes factores revelou-se não significativo, pelo que é evidente que factores como O coeficiente de regressão das variáveis *viz,* percentagem da área bruta irrigada em relação à área bruta semeada *(xi),* consumo de fertilizante total

(NPK) por ha de área bruta irrigada *(x2)*, percentagem da área de sementes de variedades de alto rendimento em relação à área bruta semeada (x4), percentagem da área cultivada com culturas comerciais em relação à área bruta semeada (x5), montante do empréstimo (curto e médio prazo) desembolsado através do KDCCB por ano em *lakh* de rupess (X6) e número de animais leiteiros (x9) têm importância no processo de desenvolvimento agrícola no distrito de Kolhapur.

15. Os pontos fortes do distrito de Kolhapur são a pluviosidade garantida, a rede de cooperativas e os solos bem drenados. Os pontos fracos são a forte erosão dos solos, a interrupção do fornecimento de eletricidade e a monocultura. As oportunidades são a possibilidade de aumentar a intensidade das culturas, a possibilidade de desviar a produção para culturas de rendimento e a possibilidade de aumentar a superfície cultivada com produtos hortícolas. As ameaças são a diminuição da área cultivada, a limitação da promoção da micro-irrigação e da transformação, o problema de saúde do solo devido à monocultura.

Visualiza o futuro com base na situação atual. Os pontos fortes do sector são o resultado de estratégias bem sucedidas do passado e as oportunidades podem ser colhidas com uma mistura de estratégias novas e antigas. Os pontos fracos e as ameaças são os obstáculos ao desenvolvimento que podem ser devidos a erros do passado e a novas tendências emergentes.

6.2 Conclusões

Dos resultados do estudo podem ser retiradas as seguintes conclusões específicas

1. A área florestal diminuiu 4,22% durante o período em estudo no distrito de Kolhapur. A superfície de terras estéreis e não cultiváveis, de resíduos cultiváveis, de pousio atual e de outros pousios diminuiu durante o período em estudo. Por outro lado, as terras não utilizadas para fins agrícolas, as pastagens permanentes, as árvores diversas, a superfície

líquida semeada, o aumento da superfície irrigada, a superfície semeada mais de uma vez, a superfície bruta cultivada e as terras não utilizadas para fins agrícolas estão a aumentar de forma constante.

2.   A área irrigada aumentou significativamente. No ano de 2011-2012, a área irrigada era de 1,280 *lakh* hectares. A área irrigada aumentou em 79,77% durante o período de estudo, o que é uma conquista importante no distrito.

3.   A superfície cultivada com trigo, bajra, grama e grama vermelha diminuiu. A área cultivada com arroz, jowar kharif, jowar Rabi, grama verde, grama preta, frutos e produtos hortícolas, soja, cana-de-açúcar e amendoim aumentou, enquanto a área cultivada com o total de cereais e o total de leguminosas diminuiu e a área cultivada com o total de oleaginosas registou uma tendência crescente durante o período de estudo no distrito de Kolhapur.

4. As alterações nas produtividades das principais culturas mostraram que, com exceção do grama-vermelho, as produtividades de todas as outras culturas tinham aumentado em relação ao ano de base 1980-81. A produtividade média do total de cereais, do total de leguminosas, do total de oleaginosas e de

O total de cereais alimentares aumentou 66,22, 8,68, 76,64 e 58,67 por cento em 2011-12, respetivamente, em relação ao ano de referência de 1980-81. A produtividade da cana-de-açúcar, da soja e do amendoim também registou um aumento considerável de 10,79,   154,40 e 45,87

por cento, respetivamente, durante o período dos últimos trinta e dois anos no distrito de Kolhapur.

5.   O consumo de fertilizantes (NPK) aumenta.

6.   Existem mudanças de culturas em termos de área, produção e produtividade no distrito ao longo de um período de tempo. As produtividades de todas as culturas flutuam durante o período de estudo. A observação crítica mostra que a produtividade das culturas diminuiu

durante o período II (1994-95 a 2011-12). Os restantes períodos I (1980-81 a 1994-95) e III (1995-96 a 2011-12) indicam uma melhoria da produtividade das diferentes culturas.

7.   A área líquida semeada durante todo o período de estudo aumentou consistentemente em relação à área geográfica total.

8.   A agricultura no distrito de Kolhapur mostrou um aumento significativo na utilização de arados de ferro, tractores e motores eléctricos, o que indica uma grande mecanização parcial.

9.   A população de bovinos e aves de capoeira diminuiu durante o período de estudo, enquanto que a população total de gado, búfalos, ovelhas e cabras também mostrou uma tendência crescente. A população de búfalos aumentou, o que contribuiu para o aumento da produção de leite no distrito.

10. A análise de regressão linear múltipla indicou que os factores *viz,* percentagem de área bruta irrigada para área bruta semeada *(xi),* consumo de fertilizante total (NPK) por ha de área bruta irrigada *(x2),* percentagem de área de sementes de variedades de alto rendimento para área bruta semeada (x4), percentagem de área sob cultura comercial para área bruta semeada (x5), montante do empréstimo (curto e médio prazo) desembolsado através do KDCCB por ano em *Lakh* de rupess (X6) e número de animais leiteiros (x9) têm importância no processo de desenvolvimento agrícola no distrito de Kolhapur.

11. Os pontos fortes do distrito de Kolhapur são a pluviosidade garantida, a rede de cooperativas e os solos bem drenados. Os pontos fracos são a forte erosão dos solos, a interrupção do fornecimento de eletricidade e a monocultura. As oportunidades são a possibilidade de aumentar a intensidade das culturas, a possibilidade de desviar a produção para culturas de rendimento e a possibilidade de aumentar a área cultivada com produtos hortícolas. As ameaças são a diminuição da área cultivada, a limitação da promoção da micro-irrigação e da transformação, o problema de saúde do solo devido à monocultura.

6.3 Implicações políticas

Com base no estudo, podem ser feitas as seguintes implicações políticas para o desenvolvimento agrícola no distrito de Kolhapur.

1. É necessário aumentar a superfície cultivada. Esta

pode ser feito através do cultivo de resíduos cultiváveis e de outras terras em pousio.

2. Os dados empíricos relativos ao declínio da área

A área de floresta até 4,22% no distrito de Kolhapur sugere a necessidade de expansão da área de floresta até 33% da área geográfica para manter o equilíbrio ecológico no distrito de Kolhapur.

3. A expansão da área cultivada com variedades de alto rendimento mostrou

tremendas flutuações, o que, em última análise, resulta em variações na produção das culturas. Isto sugere que a expansão da área sob HYV pode ser devidamente supervisionada para a sua melhor utilização na agricultura.

4. É necessário envidar esforços para inverter o declínio da produção e da produtividade das culturas através da adoção de novas tecnologias de cultivo e de sementes melhoradas destes importantes cereais no distrito.

7.   LITERATURA CITADA

Alshi, M. R., Joshi, C. R. e Marawar, S. S. 1992. Trends area, production and yield of fruit crops in Maharashtra State. Maha. J. of Agric. Econ. 4 (1):1-3.

Anónimo 1982. Associação de Fertilizantes da Índia. Fertilizer News 26 (2): 1-30.

Anónimo 1993. Desenvolvimento agrícola e distribuição de cereais: An inter-regional and intra-regional analysis in U. P. Agril. Situation in India. 48 (2): 95-97.

Anónimo 1993. Desenvolvimento agrícola e distribuição de cereais: uma análise inter-regional e intra-regional em U. P. Agril. Situation in India. 48 (2): 95-97.

Anónimo 1998. An economic appraisal of agricultural development in Jalgaon district (Uma avaliação económica do desenvolvimento agrícola no distrito de Jalgaon). Relatório Agresco sobre Economia e Estatística Agrícola, Departamento de Economia Agrícola, M.P.K.V., Rahuri: 249-261.

Anónimo 1999. Uma avaliação económica do desenvolvimento agrícola no distrito de Pune. Relatório Agresco sobre Economia e Estatística Agrícola, Departamento de Economia Agrícola, M.P.K.V. Rahuri: 145-152.

Anónimo 1999. Cultivation practices in India, National sample survey organization, Ministério da Estatística e da implementação de programas, Nova Deli.

Anónimo 1999. Regional disparities in agricultural development in India (Disparidades regionais no desenvolvimento agrícola na Índia). Relatório Agresco sobre Economia e Estatística Agrícola, Departamento de Economia Agrícola, M. P. K. V., Rahuri Vol. II: 428-443.

Anónimo 2003. Animal Husbandry and Veterinary Meghalaya Socio-Economic Review. Direção de Economia e Estatística. Meghalaya, Shillong. 35-36.

Anónimo 2004. Basic Animal Husbandry Statistics, Department of Animal Husbandry and Dairying, Ministério da Agricultura, Nova Deli.

Anónimo 2006. Livestock ownership across operational land holding classes in India 2003: NSS report No. 493 (59/18.1/1), Govt. of India, New Delhi.

Anónimo 2006. Resumo estatístico de Meghalaya. Governo de Meghalaya, Direção de Economia e Estatística, Meghalaya, Shillong.

Awasthi, R. P. 1986. Produção vegetal. Relatório anual. Complexo do Conselho Indiano de Investigação Agrícola para a Região NEH, Meghalaya, Índia 120.

Basnet, S. K. 2006. An economic appraisal of agricultural development in Nepal (Uma avaliação económica do desenvolvimento agrícola no Nepal). (Tese de Mestrado (Agri.) apresentada ao MPKV, Rahuri, Maharashtra.

Bhagat, L. N. 1983. Inter-regional disparities in agricultural infrastructure- A case study of Bihar. Indian J. of Agric. Econ. 38 (1): 56-62.

Bobade, M.T. 2003. Uma avaliação económica do desenvolvimento agrícola no distrito de Satara. Tese de Mestrado (Agri.) (não publicada), MPKV, Rahuri.

Borah, D. 1993. Constraints of Agril. Development in Hilly Regions of North -East India, em K. Alam (Ed.) Agril. Development in North-East India: Constraints and prospects, Deep and Deep Publications, New Delhi.

Desai, B. M. 1977. Análise do padrão de cultivo das famílias de agricultores no distrito de Surat. Indian J. of Agril. Econ. 32 (1): 76-91

Dhar, P. K. 2005. Economy of North-East India (Economia do Nordeste da Índia). The Economy of Assam, incluindo a economia do Nordeste da Índia (16): 521-522.

Diwakar, G. D. 1988. Identificação das restrições à adoção de tecnologias agrícolas modernas. Relatório anual. Conselho Indiano de Investigação Agrícola, Complexo de Investigação para a região NEH, Meghalaya. 162-163.

Dodkey, M. D. e Kuchhadiya, D. B. 2001. Flow of institutional finance to agriculture sector in Junagadh district of Gujarat state. The Maha. Co. Quarterly. 84 (3): 51-56.

Goel R.C. e Agrawal S.S. 1979. O estudo da taxa de crescimento agrícola em Haryana. Assuntos Económicos. 24 (10-12): 268.92

Gopalakrishanan, R. 2001. Land use and Agriculture.
Meghalaya land and people revised. (4): 74-113.

H. V. Chavan, S. K. Sharma 2007. Análise SWOT da agroflorestação indiana. Jornal Indiano de Agroflorestação 2007. 9(1):1

Hanumantha Rao 1989. State wise production growth rates for rice and foodgrains. Indian J. of Agril. Econ. 22 (2): 61-79.

Jagnnathan N. 1998. Tendências e padrões de crescimento agrícola entre culturas na Índia. Inquéritos mensais de opinião pública. 43 (5): 7-11.

Jha, K. 1997. A study on dynamics of agriculture growth in North East alluvial plains of Bihar. Twenty-Five years of Research in Agriculture Econ: 21.

Jungho Suh e Nick F. Emtage 2005. Escola de Economia e Escola de Gestão de Sistemas Naturais e Rurais. The University of Queensland, Brisbane, Qld 4072, Austrália. Annals of Tropical Research 27(1): 55-66.

K. N. R. Lakshmi, K. S. Kumar. 2004. Exploring the agriculutural export. Potencial de exportação agrícola de Andhra Pradesh. Agri. Mktg. 46 (4): 7-13.

Kapil Bhatt, 2012. Avaliação económica do desenvolvimento agrícola em Himachal Pradesh. Tese apresentada ao MPKV, Rahuri.

Kumar, A., Staal, S., Elumalia, K. e Singh, D. K. 2007. Livestock sector in North-Eastern Region of India. An Appraisal of performance. Agri. Econ. Res. Rev. Vol. 20: 255-272.

Kumar, P., Mruthyunjaya, e P. S. Birthal. 2003. Changing consumption pattern in South Asia. Documento apresentado no seminário internacional FICCO-ICRISAT-IFPRI sobre "Agril. Diversification and Vertical Integration in South Asia", Nova Deli, novembro: 5-6.

Kumar, V. 1994. Technological change and fator shares in milk production, Ph.D.Thesis, National Dairy Research Institute, Karnal, Haryana (não publicado).

Maheshwari, A. 1996. Agricultural growth in a semi-arid area - The case study of Karnataka. Indian J. of Agri. Econ. (3): 315 -327.

Maibangsa, M. 1998. Crescimento da agricultura de montanha em Meghalaya. O Bihar J. of Agri. Mktg. 6 (1): I.

Mamatzakis, E. C. 2003. Infra-estruturas públicas e crescimento da produtividade na agricultura grega. Agri. Econ. 29 (2): 169-80.

Mandar, G. S. e Sharma, J. L. 1995. Production performance of cereal crops in India. State wise Analysis Agril. Situation in India. 52(2): 57-61.

Mishra, J. P. e A. K. Mishra 2006. Sustainable development of Agriculture in North Eastern India (Desenvolvimento sustentável da agricultura no Nordeste da Índia). Indian J. of Agril. Econ. 61(3): 345-346.

Mitra, A. e Jena, S. 1991. Growth rates of groundnut production of Orissa. Uma análise de decomposição Agril. Situation in India. 51(1):13-16.

Naikwadi, D. J. 1980. Uma avaliação económica do desenvolvimento da agricultura no distrito de Sangli. (Tese de Mestrado (Agri.) apresentada ao MPKV, Rahuri.

Narain, P. Rai S. C. e Shanti Samp. 1993. Avaliação do desenvolvimento económico em Orissa. J. of the Indian Society of Agril. Statistics. 45 (2): 249 - 278. 93

Pachrupe, P. A. 1977. Taxas de crescimento regional na área, produção e produtividade de importantes culturas de cereais alimentares no Estado de Maharashtra. Tese de mestrado (Agri.) (não publicada) apresentada ao MPKV, Rahuri.

Pal Suresh e Sirohi, A. S. 1988. Sources of growth and instability in the production of commercial crops in India (Fontes de crescimento e instabilidade na produção de culturas comerciais na Índia). Indian J. of Agril. Econ. 43(3): 456 - 463.

Pawar J. R. e Patil K. A. 1975. Crescimento das culturas comerciais em Maharashtra; Os factores limitantes. The Economic Times, 30 de maio: pp 7.

Pawar, J. R., Shete V. R. e Sale, D. L. 1991. Pulses: A Decade of satisfactory performance. Financial Express 31(10) 12 de março: 7.

Pokharkar, V. G., H. S. Katore e D. B. Yadav 2002.Impact of technology on agricultural development in Maharashtra. Maha. J. of Agril. Econ. 11 (1): 18-19.

Rahane R. K. e Joshi G. G. 1993 Taxas de crescimento da área, produção e produtividade de algumas oleaginosas e leguminosas importantes em Maharashtra. Indian J. of Agril. Econ. 48: 41.

Rahane, R. K. e Kasar, D. V. 1999. Regional variations in development of irrigation and its utilization in Maharashtra (Variações regionais no desenvolvimento da irrigação e sua utilização em Maharashtra). Maha. J. of Agril. Econ. 9: 142.

Rath, N. 1980. A note on agricultural production in India during 1955-78. Indian J. of Agril. Econ. 35(2) : 94103.

Renuka, C. Kumari (2003). SWOT da agricultura indiana. Globalização e crise agrícola na Índia; Indian
J .of Agril. Econ. 266-279.

Rupkumar K. 2001. Regional disparities in Agril. development in Maharashtra, (Unpublished) Ph. D. Thesis submitted to MPKV, Rahuri.

Sagar, V. 1978. Contribuição de factores tecnológicos individuais no crescimento agrícola. A case study of Rajasthan. Economic and Political Weekly. 13(2- 25): A-63 a A-69.

Sarkar, M. C. 1993. Technology and agricultural development: a case study of tribal Bihar. Bihar J. of Agril. Mktg 1 (1): 61-73.

Satpute. T. G. Phuke, K. D. Potekar, G. M. e Deshmukh, K. V. 1997. District wise development in Marathwada region (Desenvolvimento distrital na região de Marathwada). Maha. J. of Agril. Econ. 8 (1): 22-23.

Semwal, R. L., Nautiyal, S., Sen, K. K., Rana, U., Maikhuri, R.
K ., Rao, K. S. e Saxena, K. G. 2004. Patterns and ecological implications of agricultural land use changes : Um estudo de caso dos Himalaias centrais, Índia. Agriculture, Ecosystems and Environment. 102 (1):
81-92.

Sharma, B. K., S. B. Singh e Pal 2005. Infrastructure development and inputs used. Transition in Agricultural Growth of North-Eastern Hilly Region of India (Transição no crescimento agrícola da região montanhosa do

Nordeste da Índia). Changing Agricultural Scenario in North East India. (5): 86-89.

Shreeranjan 2006. Problemas de oposição de activos não produtivos. Dispersão do crédito em Meghalaya. Credit related issues in Meghalaya, Indian J. of Agril. Econ. (4): 108-113.

Singh, A. e Singh, M. D. 1981. Soil erosion hazards in NEH Regions, Research Bulletin No. 10, Indian Council of Agricultural Research, Research complex for NEH Region, Barapani, Shillong, India. 29-30.

Singh, A. K. e Tyagi, V. P. 1995. Cooperative finance and agriculture more forward. Indian Farmer Times. 17 (10): 5-7.

Singh, P.R. 1991. Trends in area, production and productivity of fibre crops in Orissa (Tendências na área, produção e produtividade das culturas de fibras em Orissa). World American Economics and Rural Sociology Abstracts. 33 (8): 596.

Singh, S. B., Datta, K. K., Singh, K. B. e Vincent, K. H. N. 2001. Dynamics of Agricultural Growth (1975- 1997). Relatório anual. Conselho Indiano de Investigação Agrícola, complexo de investigação para a região NEH, Meghalaya.

Soni, P.N. 1974. Padrões de cultivo e intensidade de cultivo em várias classes de tamanho de agricultores em alguns distritos do IADP. Agril. Situation in India, 28 (7): 483-487.

Souvik Ghosh e Ashwani Kumar 2010. Performance of Irrigation and Agricultural Sector in Orissa (Desempenho da irrigação e do sector agrícola em Orissa). Indian Res. J. Extn. Edu. 10(2).

Subramanian, R., Nagerajan, B. S. e Lalitha, S. (1983). An enquiry into the changing cropping pattern profiles in selected districts of Tamil Nadu since advent of green revolution. Conselho Indiano de Investigação em Ciências Sociais, 120-125.

Tadakhe, M.E. 1999. Taxas de crescimento distrital da agricultura na região de Konkan. (Tese de Mestrado (Agri.) apresentada ao Dr. B. S. Konkan Krishi Vidyapeeth, Dapoli, 70-77.

8. Apêndice

Apêndice I Valores da produção total agregada em milhões de rupias no distrito de Kolhapur

Year	Values in crores	Year	Values in crores
1980-81	223.62	1996-97	1050.91
1981-82	190.65	1997-98	954.64
1982-83	211.27	1998-99	1152.82
1983-84	212.85	1999-00	1138.72
1984-85	296.21	2000-01	1361.9
1985-86	309.16	2001-02	1488.25
1986-87	316.11	2002-03	1430.78
1987-88	386.71	2003-04	1249.14
1988-89	304.22	2004-05	1267.93
1989-90	359.05	2005-06	1212.7
1990-91	430.3	2006-07	2246.4
1991-92	528.8	2007-08	3056.8
1992-93	705.88	2008-09	3664.5
1993-94	698.73	2009-10	4984.5
1994-95	904.7	2010-11	3334.5
1995-96	1070.86	2011-12	4486.6

9. VITA

Sr. NARENDR KUMAR MEENA
Um candidato ao grau de
MESTRADO EM CIÊNCIAS (AGRICULTURA)
em
ECONOMIA AGRÍCOLA
2015

Título da tese :	"UMA AVALIAÇÃO ECONÓMICA DO DESENVOLVIMENTO AGRÍCOLA DE DISTRITO DE KOLHAPUR, EM MAHARASHTRA"

Domínio principal: Economia agrícola

Informações biográficas

Pessoal   :   Nascido em 25th abril de 1992 em Malawali, Po. Khoahra Tal. Laxmangarh, distrito de Alwar, estado de Rajasthan, Índia. Filho de Shri. Mukesh Kumar Meena e Sou. Shanti Devi.

Educativo   :   Frequentou o ensino primário em. Escola SBB, Malawali, Tal. Laxmangarh, Dist. Alwar, Estado do Rajastão, Concluiu com êxito o SSC na SBDSS School Pinan Dist. Alwar, Estado do Rajastão, Concluiu com êxito o HSC na SKSSS Laxmangarh, Dist. Alwar, Estado do Rajastão, Concluiu com êxito o Bacharelato em Ciências (Agricultura) com a Primeira Classe em 2013 na Faculdade de Agricultura

Udaipur, MPUAT, UDAIPUR, RAJASTHAN.
Tese para obtenção do grau de Mestre em
Ciências (Agricultura), em Economia Agrícola,
apresentada à Faculdade de Agricultura de
Kolhapur (Mahatma Phule Krishi Vidyapeeth,
Rahuri)

Realizações :   :

Selecionado para o grau de Mestre em
Ciências através do ICAR, NOVA DELHI.

Co-curriculares :
Actividades   NCC

Endereço   :

Sr. NARENDR KUMAR MEENA
Em. Malawali
Po. Khoahra
Tal. Laxmangarh
Distrito - Alwar
Pin. 321633
Estado - Rajasthan.

**Id de correio
eletrónico**.   :

narendrameena090@gmail

I want morebooks!

Buy your books fast and straightforward online - at one of world's fastest growing online book stores! Environmentally sound due to Print-on-Demand technologies.

Buy your books online at
www.morebooks.shop

Compre os seus livros mais rápido e diretamente na internet, em uma das livrarias on-line com o maior crescimento no mundo! Produção que protege o meio ambiente através das tecnologias de impressão sob demanda.

Compre os seus livros on-line em
www.morebooks.shop

Printed by Books on Demand GmbH, Norderstedt / Germany